Mathematik

Lösungen

OFTFRUTTI
verlag

Auflage 2013/14

Gymnasium G8

5

H. Heil, R. Rau, H. Umla:
Mathematik 5, Lösungen
Gymnasium G8
ISBN 978-3-928881-14-2

Inhalt

www.softfrutti.de

1

Die natürlichen Zahlen

Zum Aufwärmen

1. f - f - r

2.

24 + 19 = 43	47 − 14 = 33	8 · 12 = 96	48 : 6 = 8
51 + 34 = 85	72 − 25 = 47	15 · 7 = 105	99 : 11 = 9
68 + 75 = 143	91 − 46 = 45	3 · 27 = 81	100 : 25 = 4
Addition	Subtraktion	Multiplikation	Division

3.

43 + 27 = 70	124 + 63 = 187	2060 + 35 = 2095
52 + 34 = 86	113 + 87 = 200	4989 + 11 = 5000
27 + 19 = 46	247 + 85 = 332	6561 + 54 = 6615
34 + 67 = 101	47 + 378 = 425	76 + 7993 = 8069

4.

48 − 13 = 35	111 − 60 = 51	860 − 350 = 510
90 − 57 = 33	259 − 54 = 205	730 − 180 = 550
61 − 25 = 36	458 − 89 = 369	510 − 370 = 140
84 − 57 = 27	773 − 102 = 671	999 − 560 = 439

5. a)

+	12	15	17	20
14	**26**	**29**	**31**	**34**
18	**30**	**33**	**35**	**38**
19	**31**	**34**	**36**	**39**
25	**37**	**40**	**42**	**45**

b)

-	11	20	25	29
29	18	**9**	**4**	**0**
37	**26**	**17**	**12**	**8**
46	**35**	**26**	**21**	**17**
63	**52**	**43**	**38**	**34**

6.

7 · 8 = 56	3 · 37 = 111	0 · 37 = 0
9 · 6 = 54	16 · 5 = 80	1 · 42 = 42
5 · 21 = 105	60 · 6 = 360	4 · 25 = 100
70 · 9 = 630	4 · 900 = 3600	512 · 2 = 1024

7.

28 : 7 = 4	72 : 12 = 6	94 : 47 = 2
45 : 5 = 9	98 : 14 = 7	300 : 75 = 4
240 : 80 = 3	120 : 15 = 8	43 : 43 = 1
560 : 7 = 80	110 : 11 = 10	36 : 1 = 36

8. a) Das größte Produkt ist eingekreist.

$7 \cdot 9 = 63$	$6 \cdot 10 = 60$	$4 \cdot 12 = 48$
$3 \cdot 13 = 39$	$8 \cdot 8 = 64$ (eingekreist)	$5 \cdot 11 = 55$

b) Die Summe ist stets 16.

9.

a) 32 + 18 = 50	d) 45 : 5 = 9	g) $3 \cdot 14 = 42$
b) 43 − 15 = 28	e) 39 + 27 = 66	h) 72 : 9 = 8
c) $7 \cdot 6 = 42$	f) 61 − 14 = 47	i) 10 + 7 = 24 − 7

10.

- ... die Hälfte von 152: 76
- ... ein Fünftel von 1000: 200
- ... ein Drittel von 51: 17
- ... ein Zehntel von 270: 27
- ... ein Viertel von 360: 90
- ... ein Zwölftel von 60: 5

11. a)

Die Vielfachen von 18:

$1 \cdot 18 = 18$	$5 \cdot 18 = 90$	$9 \cdot 18 = 162$
$2 \cdot 18 = 36$	$6 \cdot 18 = 108$	$10 \cdot 18 = 180$
$3 \cdot 18 = 54$	$7 \cdot 18 = 126$	$11 \cdot 18 = 198$
$4 \cdot 18 = 72$	$8 \cdot 18 = 144$	usw.

b) 13, 26, 39, 52, 65, 78, 91, 104, 117, 130.

c) 12, 24, 36, 48, 60, 72, 84, 96, 108, 120, 132, 144.

d) 105, 120, 135, 150, 165, 180, 195

12. a)

1000					
560	440				
310	250	190			
165	145	105	85		
75	90	55	50	35	
21	54	36	19	31	4

b)

96					
41	55				
17	24	31			
8	9	15	16		
5	3	6	9	7	
3	2	1	5	4	3

13. Rechnung: 5€ +3€ +3,50€ = 11,50€,
11,50€ – 10€ = 1,50€
Antwort: Daniel muss sich von Ina 1,50 € leihen.

14. a) $50 \cdot 12$ Flaschen = 600 Flaschen.
b) $16 \cdot 25$ Platten = 400 Platten.

15. a) 144 : 9 = 16
16 Mannschaften

b) $144 : 8 = 18$; 18 Mannschaften

16. Rechnung: 9 Stücke Obst werden unterwegs gegessen, bleiben 24 Stück, davon 12 Äpfel und 12 Birnen.
12 + 4 = 16 Äpfel, 12 + 5 =17 Birnen
Antwort: Wurzel und Silvester hatten 16 Äpfel und 17 Birnen gepflückt.

Zahlenmengen

17. a) 1 2 4 8 16

b) 12 15 18 21 24 27

c)
- die Menge mit den Elementen 1, 2, 4, 8, 16.

  Wir schreiben dafür: $\{1, 2, 4, 8, 16\}$
- die Menge mit den Elementen 12, 15, 18, 21, 24 und 27.

  Wir schreiben dafür: $\{12, 15, 18, 21, 24, 27\}$

d) $\{6, 8, 10, 12\}$.

18.

Aufgabe	a)	b)	c)	d)	e)	f)
Elementanzahl	4	2	1	20	10	12

19.
- Menge aller Primzahlen bis 10: $\{2, 3, 5, 7\}$
- Menge aller Primzahlen zwischen 15 und 35: $\{17, 19, 23, 29, 31\}$
- Menge aller Primzahlen zwischen 40 und 50: $\{41, 43, 47\}$
- Menge aller geraden Primzahlen: $\{2\}$
- Menge aller Primzahlen zwischen 48 und 52: $\{\ \}$

20. a)
- Menge aller zweistelligen Zahlen: $\{10, 11, 12, \ldots, 99\}$.
- Menge aller Zahlen, die kleiner als 50 sind: $\{0, 1, 2, \ldots, 49\}$.
- Menge aller Zahlen zwischen 17 und 71: $\{18, 19, 20, \ldots, 70\}$.
- Menge aller ungeraden Zahlen bis 75: $\{1, 3, 5, 7, \ldots, 73, 75\}$.
- Menge aller Vielfachen von 3 zwischen 10 und 100: $\{12, 15, 18, \ldots, 96, 99\}$.

b)
- Menge aller geraden Zahlen: $\{0, 2, 4, 6, 8, ...\}$.
- Menge aller ungeraden Zahlen: $\{1, 3, 5, 7, ...\}$.
- Menge aller Zahlen, die größer als 6 sind: $\{7, 8, 9, 10, ...\}$.
- Menge aller Vielfachen von 25: $\{25, 50, 75, 100, ...\}$.
- Menge aller Zahlen, die nicht kleiner als 35 und Vielfache von 7 sind: $\{35, 42, 49, 56, ...\}$.

c)
- die Menge der natürlichen Zahlen: $\mathbb{N} = \{0, 1, 2, 3, 4, ...\}$
- die Menge der natürlichen Zahlen ohne die Null: $\mathbb{N}^* = \{1, 2, 3, 4, ...\}$

21. a)

1	2	3	4
5	6	10	12
15	20	30	60

A

b) Die Zahl 15 ist Element von A.

Wir schreiben dafür: $15 \in A$.

c) Die Zahl 18 ist nicht Element von A.

Wir schreiben dafür: $18 \notin A$.

d)

$25 \notin A$	$17 \notin A$	$43 \notin A$
$6 \in A$	$7 \notin A$	$30 \in A$

22.

$7 \in \{1, 3, 5, 7, 9\}$	$15 \notin \{2, 4, 6, ..., 20\}$	$91 \in \{7, 14, 21, 28, ...\}$
$8 \notin \{6, 7, 9\}$	$38 \in \{10, 14, 18, ..., 46\}$	$128 \in \{2, 4, 8, 16, ...\}$
$12 \notin \{1, 2, 3, 4\}$	$14 \in \{35, 32, 29, ..., 5\}$	$0 \notin \{\ \}$

Anordnen und Vergleichen

23.

	(a)	(b)	(c)	(d)	(e)
①	2	5	7	8	12
②	12	24	30	54	69
③	100	140	200	260	320
④	125	500	625	750	1200

24. a)

b)

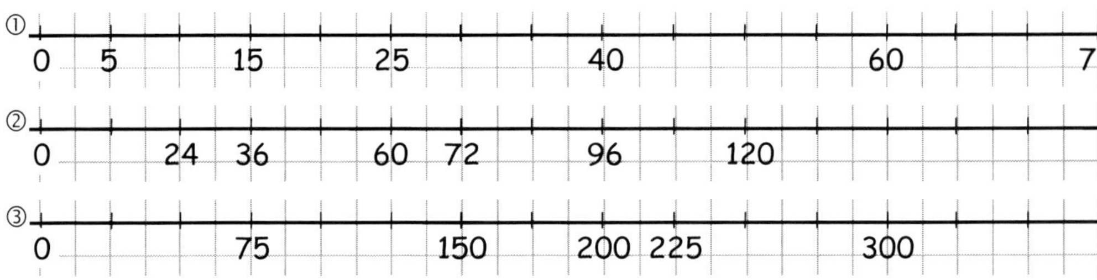

④ / c)

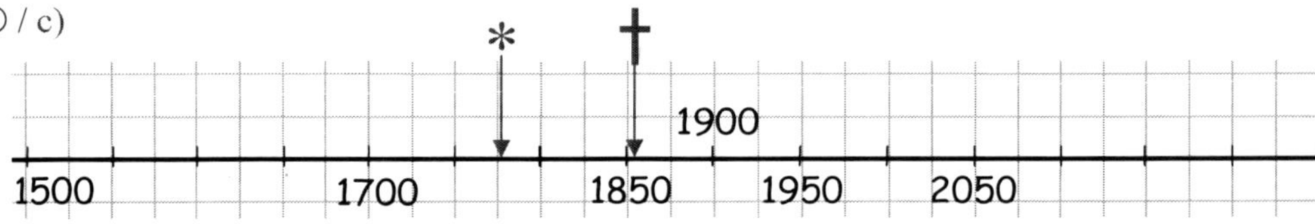

25.

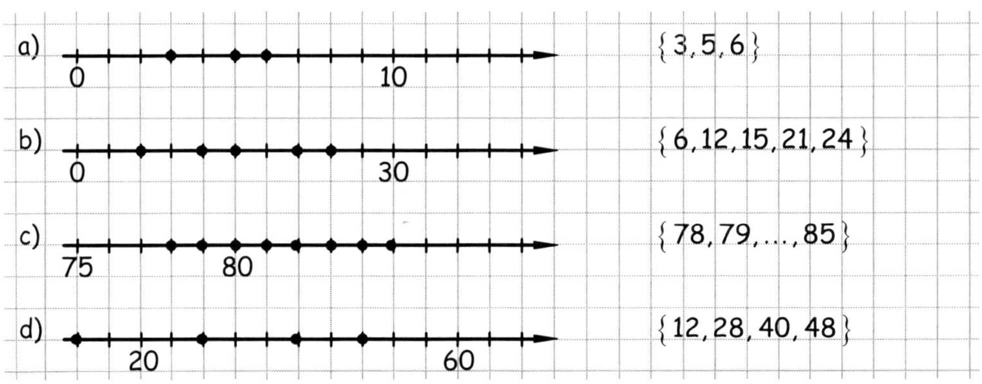

26. a)

N(370) = 371	V(699) = 698	N(809 999) = 810 000
N(1987) = 1988	V(5100) = 5099	V(375 000) = 374 999
N(3599) = 3600	V(77 000) = 76 999	V(1 000 000) = 999 999

b) 5 ; 7 ; 1 ; 3.

27.

110	>	101	3299	<	3303	500 900	<	505 000
789	<	815	70 999	<	71 009	V(75)	=	N(73)
3·6	=	9·2	102 201	>	98 289	227 222	>	222 722

28. a)

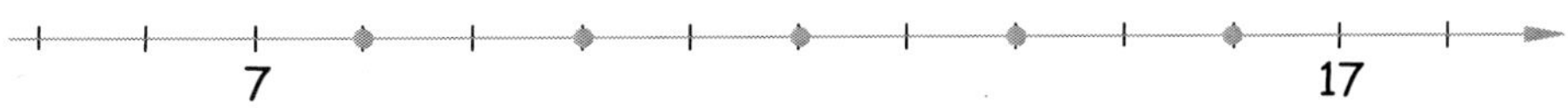

b) • *b* ist größer als *a*, und zwar um 50 größer.

•

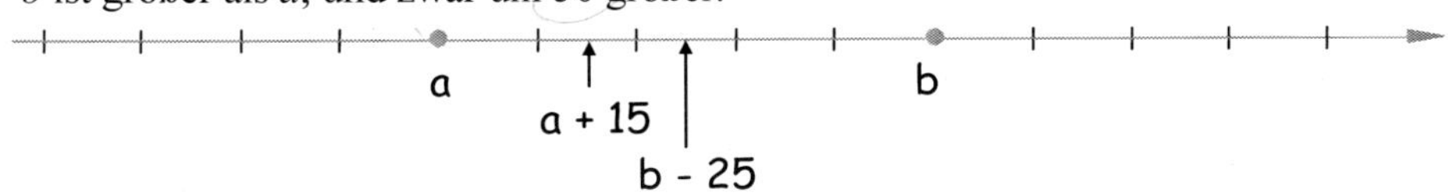

29.

Zahlen	Der Größe nach geordnet:
11, 32, 7, 19, 18	7 < 11 < 18 < 19 < 32
17, 28, 12, 16, 21	12 < 16 < 17 < 21 < 28
537, 735, 375, 357, 753, 573	357 < 375 < 537 < 573 < 735 < 753
655, 556, 565, 566, 665, 656	556 < 565 < 566 < 655 < 656 < 665
3012, 2310, 3201, 2013, 2130, 3021	2013 < 2130 < 2310 < 3012 < 3021 < 3201

30.

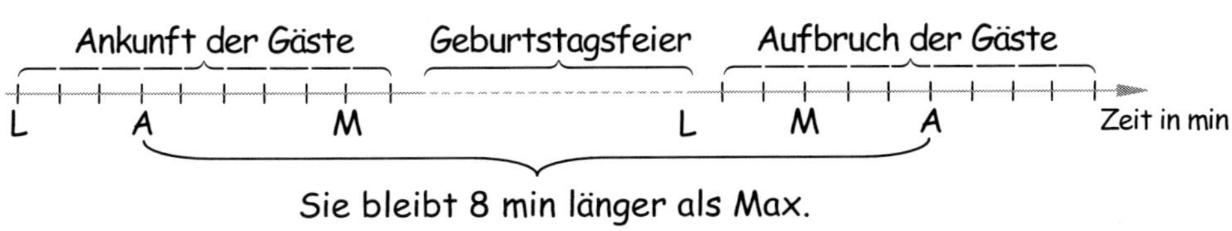

Addieren und Subtrahieren

31.

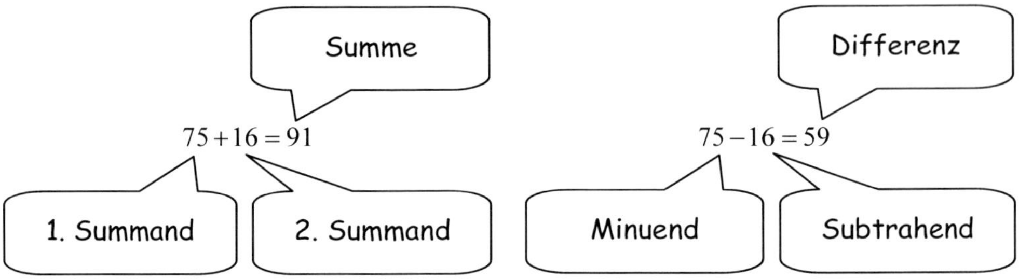

32. a) Der erste Summand der neuen Aufgabe ist die Summe der vorigen Aufgabe, der zweite Summand wird um 1 erhöht.

$1+2=3$
$3+3=6$
$6+4=10$
$10+5=15$
$15+6=21$
$21+7=28$
$28+8=36$
$36+9=45$
$45+10=55$
$55+11=66$

b) Der erste Summand der neuen Aufgabe ist die Summe der vorigen Aufgabe, der zweite Summand wird um 2 erhöht.

$0+1=1$
$1+3=4$
$4+5=9$
$9+7=16$
$16+9=25$
$25+11=36$
$36+13=49$
$49+15=64$
$64+17=81$
$81+19=100$

c) Der erste Summand der neuen Aufgabe ist der zweite Summand der vorigen Aufgabe, der zweite Summand ist die Summe der vorigen Aufgabe.

$2+3=5$
$3+5=8$
$5+8=13$
$8+13=21$
$13+21=34$
$21+34=55$
$34+55=89$
$55+89=144$
$89+144=233$
$144+233=377$

d) Der Minuend der neuen Aufgabe ist die Differenz der vorigen Aufgabe, der Subtrahend wird um 2 erhöht.

$110-2=108$
$108-4=104$
$104-6=98$
$98-8=90$
$90-10=80$
$80-12=68$
$68-14=54$
$54-16=38$
$38-18=20$
$20-20=0$

33.

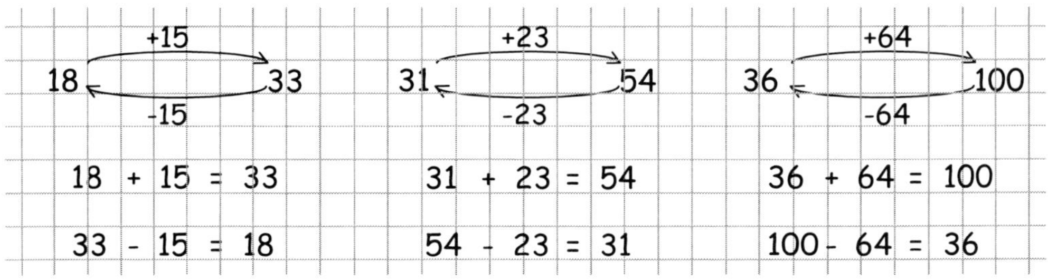

18 + 15 = 33   31 + 23 = 54   36 + 64 = 100

33 - 15 = 18   54 - 23 = 31   100 - 64 = 36

34. a)

1. Summand	530	270	330	**540**	290	**250**
2. Summand	140	650	**370**	310	**650**	560
Summe	**670**	**920**	700	850	940	810

b)

Minuend	260	317	**280**	424	**642**	163
Subtrahend	146	**137**	105	**270**	321	185
Differenz	**114**	180	175	154	321	----

Kommentar zur letzten Teilaufgabe: Der Minuend ist kleiner als der Subtrahend. Deshalb ist die Subtraktion nicht ausführbar.

35. a)

+	27	**39**	41	**53**
23	**50**	62	**64**	**76**
39	**66**	78	**80**	**92**
55	**82**	**94**	**96**	108
67	**94**	**106**	**108**	**120**

b)

-	**65**	77	**83**	94
95	30	**18**	**12**	**1**
107	**42**	**30**	24	**13**
113	**48**	36	**30**	**19**
124	**59**	**47**	**41**	30

36. 79 Häuser.

37. a)

43	111
111 - 43 = 68	

128	256
256 - 128 = 128	

627	635
635 - 627 = 8	

b) 987 – 102 = 885.

c) Rechnung: $52-34=17$

$69-52=17$

Antwort: 52 ist von 34 und 69 gleich weit entfernt.

38. a) Silvesters Antwort ist falsch. Es sind $30-11+1=20$ Elemente.

b)
- $\{20, 21, 22, \ldots, 50\}$ 31
- $\{100, 101, 102, \ldots, 999\}$ 900
- $\{76, 77, 78, \ldots, 155\}$ 80
- $\{256, 257, 258, \ldots, 511\}$ 256

39. a) $66+14=80$
b) $41+27=68$
c) $110-98=12$
d) $59-45=14$
e) $90+75=165$
f) $37-18=19$
g) $32+32+23=64+23=87$
h) $110-77-32=33-32=1$
i) $53-43+35=10+35=45$

40. a) 120
b) 36
c) 1
d) 22
e) 38
f) 100
g) 8
h) 19
i) 15

41. a) Für die 15 gibt es viele weitere Darstellungen, z. B.

$1+23+4+5+6-7-8-9=15$

$1+2+3+4+5+6-7-8+9=15$

$1+2-3+45-6-7-8-9=15$

b) $12-3-4+5-6+7+89=100$

$1+2+34-5+67-8+9=100$

c) $123-45-67+89=100$

d) $12+3+4-5-6-7+8-9=0$

Runden

Auf *Zehner* gerundet:

287 ≈ 290 ; 1664 ≈ 1660

Auf *Hunderter* gerundet:

1664 ≈ 1700 ; 13250 ≈ 13300

Auf *Tausender* gerundet:

13250 ≈ 13000 ; 199816 ≈ 200000

42. a) Runde auf Zehner.

207	≈	210
891	≈	890
625	≈	630
797	≈	800
2394	≈	2390
3995	≈	4000

b) Runde auf Hunderter.

2347	≈	2300
8888	≈	8900
9350	≈	9400
56 445	≈	56400
87 653	≈	87700
207 771	≈	207800

c) Runde auf Tausender.

78 478	≈	78000
28 399	≈	28000
49 800	≈	50000
304 600	≈	305000
399 499	≈	399000
450 500	≈	451000

43. a) 415, 416, ... , 423, 424.

b)
- ... auf Zehner 1250 ergeben: 1245, 1246, ... , 1253, 1254. (10 Zahlen)
- ... auf Hunderter 3600 ergeben: 3550, 3551, ... , 3649. (100 Zahlen)
- ... auf Tausender 28000 ergeben: 27500, 27501, ... , 28499 (1000 Z.)

c)
- ... auf Zehner 1000 ergeben: 995, ... , 1004. (10 Zahlen)
- ... auf Hunderter 1000 ergeben: 950, ... 1049. (100 Zahlen)
- ... auf Tausender 1000 ergeben: 500 , ... , 1499. (1000 Zahlen)

44.

Einwohnerzahlen saarländischer Städte (Stand: 2007)		
Dillingen	21000	20500, ... , 21499
Homburg	44000	43500, ... , 44499
Merzig	30000	29500, ... , 30499
Neunkirchen	47000	46500, ... , 47499
Saarbrücken	176000	175500, ... , 176499
Saarlouis	37000	36500, ... , 37499
St. Wendel	26000	25500, ... , 26499
Völklingen	40000	39500, ... , 40499

Schriftliches Addieren und Subtrahieren

45. a)

```
   57083
 + 37942
    1 1 1
   95025
```

b)

```
   315787
 +  83893
 + 267464
   1 1 2 2 1
 + 667144
```

c)

```
   492381
 +   1062
 + 163984
 +  82790
   2 1 2 3
   740217
```

46. a) 5479 + 3861 + 2607 ≈ 5000 + 4000 + 3000 = 12000

b)

```
   5479
 + 3861
 + 2607
   1 1 1
  11947
```

Abweichung:

53 nach unten

47. a) 29204

b) 15677

c) 81864

d) 130391

48.

```
   368789        285387          3580        237509
 +  27058      + 190471      +  47873      + 358712
 + 448591      + 354668      + 155472      +  94368
   (7)(2)4438    (9)30526      20692(6)      690589
```

Falsche Ziffern sind markiert.

49. a)
```
  90678
- 40573
-------
  50105
```
b)
```
  167382
-  58057
    1  1
--------
  109325
```
c)
```
  530623
- 456589
  11 11
--------
   74034
```
d)
```
  932113
- 587269
  11111
--------
  344844
```

50. a)

Beispiel: 15307 - 9869

Überschlag: 15000 - 10000 = 5000

Rechnung:
```
  15307
-  9869
  1111
-------
   5438
```

Probe:
```
   5438
+  9869
  1111
-------
  15307
```

b) ① 2097 ② 8916 ③ 47909 ④ 201080

51. a)
```
   345
+ 8976
------
  9321
```
b)
```
  8546
- 2612
------
  5934
```
c)
```
   97398
    8667
+   4759
--------
  110824
```
d)
```
  70403
- 59674
-------
  10729
```

52. a) 9 € + 22 € + 20 € > 50 €.

b) 3,38 €.

53. ---

Multiplizieren und Dividieren

54.

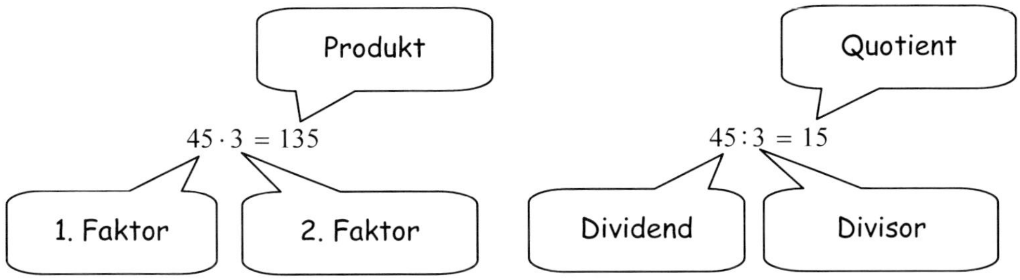

55.

- $9 + 9 + 9 + 9 = 4 \cdot 9 = 36$
- $3 + 3 + 3 + 3 + 3 = 5 \cdot 3 = 15$
- $\underbrace{7 + 7 + 7 + \ldots + 7}_{\text{10 Summanden}} = 10 \cdot 7 = 70$
- $\underbrace{5 + 5 + 5 + \ldots + 5}_{\text{40 Summanden}} = 40 \cdot 5 = 200$
- 12 Summanden 100 = $12 \cdot 100 = 1200$
- 100 Summanden 12 = $100 \cdot 12 = 1200$

56.

·	11	12	13	14	15	16	17	18	19
2	22	24	26	28	30	32	34	36	38
3	33	36	39	42	45	48	51	54	57
4	44	48	52	56	60	64	68	72	76
5	55	60	65	70	75	80	85	90	95
6	66	72	78	84	90	96	102	108	114
7	77	84	91	98	105	112	119	126	133
8	88	96	104	112	120	128	136	144	152
9	99	108	117	126	135	144	153	162	171

$8 \cdot 9 = 72$ Produkte müssen berechnet werden.

57. Vielfache

Behauptung	Begründung
63 ist Vielfaches von 9.	$63 = 7 \cdot 9$
78 ist Vielfaches von 13.	$78 = 6 \cdot 13$
85 ist Vielfaches von 17.	$85 = 5 \cdot 17$

Behauptung	Begründung
76 ist Vielfaches von 19.	$76 = 4 \cdot 19$
144 ist Vielfaches von 16.	$144 = 9 \cdot 16$
144 ist Vielfaches von 18.	$144 = 8 \cdot 18$

58.

$8 \xrightarrow{\cdot 5} 40$, $40 \xrightarrow{:5} 8$ $4 \xrightarrow{\cdot 7} 28$, $28 \xrightarrow{:7} 4$ $6 \xrightarrow{\cdot 18} 108$, $108 \xrightarrow{:18} 6$

$8 \cdot 5 = 40$ $4 \cdot 7 = 28$ $6 \cdot 18 = 108$

$40 : 5 = 8$ $28 : 7 = 4$ $108 : 18 = 6$

Probleme mit der Null.

$0 \xrightarrow{\cdot 5} 0$, $0 \leftarrow 0$ $? \xrightarrow{\cdot 0} 5$, $? \leftarrow 5$

$0 \cdot 5 = 0$ Zahl $\cdot$ 0 ist stets $\neq$ 5.

$0 : 5 = 0$ 0 : 5 nicht definiert!

59. Berechne die fehlenden Zahlen.

a)

1. Faktor	6	9	**8**	8	**6**	**19**	23	**1**
2. Faktor	**9**	**11**	15	**16**	18	7	**0**	35
Produkt	54	99	120	128	108	133	0	35

b)

Dividend	117	42	**72**	104	**51**	**49**	**0**	25	52
Divisor	13	**3**	8	**8**	17	7	24	**1**	6
Quotient	**9**	14	9	13	3	7	0	25	----

Kommentar zur letzten Teilaufgabe: 52 ist kein Vielfaches von 6. Daher ist die Division nicht ausführbar.

60. a)

① 37 : 7 = 5 Rest 2

Probe: $5 \cdot 7 + 2 = 35 + 2 = 37$

② 75 : 8 = 9 Rest 3

Probe: $9 \cdot 8 + 3 = 72 + 3 = 75$

③ 100 : 3 = 33 Rest 1

Probe: $33 \cdot 3 + 1 = 99 + 1 = 100$

④ 95 : 12 = 7 Rest 11

Probe: $7 \cdot 12 + 11 = 95$

⑤ 130 : 15 = 8 Rest 10

Probe: $8 \cdot 15 + 10 = 130$

⑥ 6 : 18 = 0 Rest 6

Probe: $0 \cdot 18 + 6 = 6$

b) Rechnung: $80 : 7 = 11$ Rest 3

Antwort: Jeder Fan erhält 11 Gummibärchen, Silvester selbst 3 Gummibärchen.

61. a)

:	1	2	3	4	6
0	**0**	**0**	**0**	**0**	**0**
24	**24**	**12**	**8**	**6**	**4**
96	**96**	**48**	**32**	**24**	**16**
120	**120**	**60**	**40**	**30**	**20**
216	**216**	**108**	**72**	**54**	**36**

b)

:	2	**4**	**6**	**9**	**12**
36	**18**	9	6	**4**	**3**
72	**36**	**18**	**12**	8	6
108	**54**	27	**18**	**12**	**9**
144	**72**	**36**	24	**16**	12
180	**90**	**45**	**30**	**20**	**15**

62. a)

Wievielmal ist 8 in 96 enthalten?

96 : 8 = 12
8 ist 12-mal in 96 enthalten.

b) • 8-mal • 18-mal • 200-mal • 4-mal

63.

7 · 23	>	4 · 23
60 : 12	<	96 : 12
72 : 3	=	8 · 3

47 · 68	<	68 · 75
540 : 15	<	540 : 12
11 · 12	<	13 · 14

11 · 12	>	10 · 13
52 : 13	=	56 : 14
19 · 7	>	19 + 7

64. • Regel entdecken.

125 · 10 = 1250	5 · 1000 = 5000	15 · 10 000 = 150 000
28 · 100 = 2800	46 · 1000 = 46 000	7 · 100 000 = 700 000

• Regel formulieren.

Wir multiplizieren eine Zahl mit 10 (100, 1000, ...), indem wir an die Zahl eine (zwei, drei, ...) Null(en) anhängen.

• Regel anwenden.

487 · 10 = 4870	81 · 100 = 8100	612 · 1000 = 612 000
360 · 10 = 3600	256 · 100 = 25 600	750 · 1000 = 750 000
7815 · 10 = 78 150	100 · 100 = 10 000	1000 · 1000 = 1 000 000

65. • Regel entdecken.

Multiplikationsaufgabe	Umkehraufgabe
$37 \cdot 100 = 3\,700$	$3\,700 : 100 = 37$
$785 \cdot 10 = 7\,850$	$7\,850 : 10 = 785$
$256 \cdot 1000 = 256\,000$	$256\,000 : 1000 = 256$
$17 \cdot 10\,000 = 170\,000$	$170\,000 : 10\,000 = 17$
$4516 \cdot 100 = 451\,600$	$451\,600 : 100 = 4516$
$6\,700 \cdot 10 = 67\,000$	$67\,000 : 10 = 6700$

• Regel formulieren.

Wir dividieren eine Zahl durch 10 (100, 1000, ...), indem wir von der Zahl eine (zwei, drei, ...) Null(en) abstreichen.

• Regel anwenden.

$790 : 10 = 79$	$14\,600 : 100 = 146$	$52\,000 : 1000 = 52$
$4\,410 : 10 = 441$	$43\,000 : 100 = 430$	$625\,000 : 1000 = 625$
$9\,500 : 10 = 950$	$375\,000 : 100 = 3750$	1 Million : 1000 = 1000

66. a) 56 d) 126 g) 660
b) 153 e) 105 h) 6700
c) 360 f) 420 i) 120

$3 \cdot 2 \cdot 19$
$= 6 \cdot 19$
$= 114$

67. a) 75 d) 1 g) 3
b) 9 e) 3 h) 400
c) 4 f) 88 i) 2

$84 : 12 \cdot 15$
$= 7 \cdot 15$
$= 105$

68. 123, 132, 213, 231, 312, 321

69. a) Wurzel hat richtig gerechnet.

~~$6 + 4 \cdot 9$~~
~~$= 10 \cdot 9$~~
~~$= 90$~~

$6 + 4 \cdot 9$
$= 6 + 36$
$= 42$

Punkt- vor Strichrechnung!

b)

$21 - 15 : 3$
$= 21 - 5$
$= 16$

$3 \cdot 17 - 120 : 3$
$= 51 - 40$
$= 11$

$18 + 12 \cdot 4 - 4 \cdot 15$
$= 18 + 48 - 60$
$= 66 - 60$
$= 6$

70. a) 7 b) 33 c) 26 d) 7 e) 10 f) 13 g) 9 h) 100 i) 104

71. a) 1 b) 3 c) 5 d) 227 e) 6 f) 25 g) 11 h) 10 i) 5

72. a) $9 \xrightarrow{\cdot 8} 72 \xrightarrow{-7} 65$

b) $100 \xrightarrow{:5} 20 \xrightarrow{+12} 32$

c) $2000 \xrightarrow{:2} 1000 \xrightarrow{:2} 500 \xrightarrow{:2} 250 \xrightarrow{:2} 125$

73. a) ISBN des Arbeitsbuches: 978 - 3 - 928881 - 13 - 5

Summe der Produkte:

$1 \cdot 9 + 3 \cdot 7 + 1 \cdot 8 + 3 \cdot 3 + 1 \cdot 9 + 3 \cdot 2 + 1 \cdot 8 + 3 \cdot 8 + 1 \cdot 8 + 3 \cdot 1 + 1 \cdot 1 + 3 \cdot 3$

$= 9 + 21 + 8 + 9 + 9 + 6 + 8 + 24 + 8 + 3 + 1 + 9$

$= 115$

Prüfziffer: $120 - 115 = 5$

b) 978-3-411-04014-8.

c) Wir berechnen die zur falschen ISBN gehörende Prüfziffer: 5.

Schriftliches Multiplizieren und Dividieren

74. a) $7539 \cdot 6 = ?$

Überschlag:

$7539 \cdot 6 \approx 8000 \cdot 6 = 48000$

Rechnung: $7\,5\,3\,9 \cdot 6$

$4\,5\,2\,3\,4$

c) $33483 \cdot 3 =$

Überschlag:

$33483 \cdot 3 \approx 33000 \cdot 3 = 99000$

Rechnung: $3\,3\,4\,8\,3 \cdot 3$

$1\,0\,0\,4\,4\,9$

b) $3447 \cdot 9 =$

Überschlag:

$3447 \cdot 9 \approx 3000 \cdot 9 = 27000$

Rechnung: $3\,4\,7\,7 \cdot 9$

$3\,1\,0\,2\,3$

d) $87087 \cdot 4 =$

Überschlag:

$87087 \cdot 4 \approx 87000 \cdot 4 = 348000$

Rechnung: $8\,7\,0\,8\,7 \cdot 4$

$3\,4\,8\,3\,4\,8$

75. a) 28 086 d) 684 740 g) 999 037
b) 67 488 e) 404 586 h) 943 239
c) 225 225 f) 153 850 i) 765 625

```
3 6 7 · 5 4
-----------
1 8 3 5
  1 4 6 8
    1
-----------
1 9 8 1 8
```

76. a) 443 294 b) 225 774 c) 908 988 d) 872 438

77. a) 1234 e) 27072
b) 125 f) 60708
c) 3413 g) 65554
d) 6630 h) 83007

```
4 3 2 1 8 : 6 = 7 2 0 3
4 2
---
  1 2
  1 2
  ---
    0 1
      0
    ---
      1 8
      1 8
      ---
        0
```

78. a) $4904 : 8 = 613$

Wurzels Wert ist um 13 zu niedrig, Silvesters Wert ist um 87 zu hoch.

b)

816 : 4 ≈ 800 : 4 = 200	5019 : 7 ≈ 4900 : 7 = 700
595 : 5 ≈ 600 : 5 = 120	2124 : 9 ≈ 1800 : 9 = 200
3104 : 8 ≈ 3200 : 8 = 400	12744 : 2 ≈ 13000 : 2 = 6500
5586 : 6 ≈ 5400 : 6 = 900	8826 : 3 ≈ 9000 : 3 = 3000

79. a) 47 b) 73 c) 112 d) 308 e) 489 f) 2067 g) 1011 h) 4334

80. a) 18797 b) 3560 c) 512 d) 677 e) 147 f) 3221

81. a)

Zahl	253 253	167 167	605 605
Ergebnis	253	167	605

b) ---

c) $7 \cdot 11 \cdot 13 = 1001$, also $abc \cdot 7 \cdot 11 \cdot 13 = abc \cdot 1001$

$$\begin{array}{r} abc \cdot 1001 \\ \hline abc \\ 0 \\ 0 \\ abc \\ \hline abcabc \end{array}$$

Potenzieren

82.

- $7 \cdot 7 \cdot 7 = 7^3$
- $4 \cdot 4 \cdot 4 \cdot 4 \cdot 4 = 4^5$
- $\underbrace{5 \cdot 5 \cdot \ldots \cdot 5}_{8\ \text{Faktoren}} = 5^8$
- $\underbrace{3 \cdot 3 \cdot \ldots \cdot 3}_{12\ \text{Faktoren}} = 3^{12}$
- 25 Faktoren 2 $= 2^{25}$
- 2 Faktoren 25 $= 25^2$

Das Zeichen 3^5 heißt **Potenz**, 3 heißt **Basis** und 5 **Exponent** der Potenz.

$3^5 = 3 \cdot 3 \cdot 3 \cdot 3 \cdot 3 =$ 5 Faktoren 3

Der Exponent gibt an, wie oft die Basis als Faktor vorkommt.

83.

a) $5^4 = 5 \cdot 5 \cdot 5 \cdot 5 = 25 \cdot 5 \cdot 5 = 125 \cdot 5 = 625$

b) $4^3 = 4 \cdot 4 \cdot 4 = 16 \cdot 4 = 64$

c) $3^4 = 3 \cdot 3 \cdot 3 \cdot 3 = 9 \cdot 3 \cdot 3 = 27 \cdot 3 = 81$

d) $2^7 = 2 \cdot 2 \cdot 2 \cdot 2 \cdot 2 \cdot 2 \cdot 2 = 4 \cdot 2 \cdot 2 \cdot 2 \cdot 2 \cdot 2 = 8 \cdot 2 \cdot 2 \cdot 2 \cdot 2 = 16 \cdot 2 \cdot 2 \cdot 2 = \ldots = 128$

e) $7^2 = 7 \cdot 7 = 49$

f) 125 h) 216 j) 0 l) 1024 n) 225
g) 243 i) 1000 k) 1 m) 1331 o) 15

84. a) $3^4 = 81$ c) $11^2 = 121$ e) $10^6 = 1000000$
b) $8^3 = 512$ d) $4^5 = 1024$ f) $7^3 = 343$

85.

Dirk	~~$5^2 = 10$~~	~~$3^3 = 9$~~	~~$4^1 = 1$~~	~~$10^5 = 105$~~
Nina	$5^2 = 25$	~~$3^3 = 6$~~	~~$4^1 = 0$~~	~~$10^5 = 50$~~
Tobias	~~$5^2 = 32$~~	$3^3 = 27$	$4^1 = 4$	~~$10^5 = 1000$~~

86. a) Quadratzahlen bis 100: 1, 4, 9, 16, 25, 36, 49, 64, 81, 100

b)

$11^2 = 121$	$14^2 = 196$	$17^2 = 289$	$20^2 = 400$
$12^2 = 144$	$15^2 = 225$	$18^2 = 324$	$25^2 = 625$
$13^2 = 169$	$16^2 = 256$	$19^2 = 361$	$30^2 = 900$

c) Bei einer Quadratzahl kommen an der Einerstelle nur die Ziffern 1, 4, 5, 6, 9 und 0 vor.

87. a) $8 = 2^3$ $27 = 3^3$ $64 = 4^3$ $125 = 5^3$

b) Fülle folgende Tabelle aus.

$1^3 = 1$	$5^3 = 125$	$9^3 = 729$
$2^3 = 8$	$6^3 = 216$	$10^3 = 1000$
$3^3 = 27$	$7^3 = 343$	$20^3 = 8000$
$4^3 = 64$	$8^3 = 512$	$30^3 = 27\,000$

88.

$2^1 = 2$	$2^4 = 16$	$2^7 = 128$	$2^{10} = 1024$
$2^2 = 4$	$2^5 = 32$	$2^8 = 256$	$2^{11} = 2048$
$2^3 = 8$	$2^6 = 64$	$2^9 = 512$	$2^{12} = 4096$

89.

Potenz	Zifferndarstellung	Zahlwort
10^1	10	zehn
10^2	100	hundert
10^3	1 000	tausend
10^4	10 000	zehntausend
10^5	100 000	hunderttausend
10^6	1 000 000	eine Million
10^7	10 000 000	zehn Millionen
10^8	100 000 000	hundert Millionen
10^9	1 000 000 000	eine Milliarde
10^{10}	10 000 000 000	zehn Milliarden
10^{11}	100 000 000 000	hundert Milliarden
10^{12}	1 000 000 000 000	eine Billion
10^{13}	10 000 000 000 000	zehn Billionen
10^{14}	100 000 000 000 000	hundert Billionen
10^{15}	1 000 000 000 000 000	eine Billiarde
10^{16}	10 000 000 000 000 000	zehn Billiarden
10^{17}	100 000 000 000 000 000	hundert Billiarden

90. a)

125		25		5		1
5^3	$:5 \rightarrow$	5^2	$:5 \rightarrow$	5^1	$:5 \rightarrow$	5^0

b) Definition: $5^0 = 1$

c) Die 0-te Potenz einer Zahl (aus $\mathbb{N}^*$) hat den Wert 1.

91.

8	9	196	100000	27	81	1024	125	256	1
7	1	729	0	625	256	216	729	343	900

92.

a) $5^3 + 4^2$
$= 125 + 16$
$= 141$

b) $3^4 + 4^3$
$= 81 + 64$
$= 145$

c) $2^8 - 2^5$
$= 256 - 32$
$= 224$

d) 265
e) 9000
f) 135
g) 164
h) 464
i) 316

93. a) Wurzel rechnet richtig.
Potenzieren vor Multiplizieren!

b) ① 54
② 160
③ 70 000
④ 2160
⑤ 875
⑥ 484
⑦ 576
⑧ 800
⑨ 225 000

94.

a) $3 \cdot 5^2 + 4 \cdot 5 + 1$
$= 3 \cdot 25 + 20 + 1$
$= 75 + 20 + 1$
$= 96$

b) $2 \cdot 5^2 + 3 \cdot 5 + 4$
$= 2 \cdot 25 + 15 + 4$
$= 50 + 15 + 4$
$= 69$

c) $3 \cdot 4^2 + 2 \cdot 4 + 1$
$= 3 \cdot 16 + 8 + 1$
$= 48 + 8 + 1$
$= 57$

Weiter im Heft.
d) 373
e) 52
f) 146
g) 585

95. a)

$3^2 > 2^3$	$3^2+4^2 = 5^2$	$10^8 > 10^8-1$	$8^7 < 8^{10}$
$5^3 < 2^7$	$8^2+7^2 < 15^2$	$2^5 < 3^5$	$0^7 = 0^{10}$
$11^2 > 10 \cdot 12$	$13^2-12^2 = 5^2$	$9^6 > 5^6$	$1^7 = 1^{10}$

b) Die Potenzen mit der größeren Basis bei **gleichem Exponenten** stellen die größere Zahl dar.

c) Die Potenzen mit dem größeren Exponenten bei **gleicher Basis** stellen die größere Zahl dar.

d) Die Potenzen mit der Basis 0 sind alle 0, die mit der Basis 1 sind alle 1.

96. $2^5 = 32$ Lagen.

97. Nein! $1+2+4+8+\ldots+2^{14} = 2^{15}-1 = 32767\,\text{c} = 327{,}67\,€$.

Dezimalsystem

98. a) 259, 295, 529, 592, 925, 952

b) Die Zahlen sind verschieden, weil die Ziffern an verschiedenen Stellen (Einer, Zehner, Hunderter) stehen.

c)
507312 = 5HT + 0ZT + 7T + 3H + 1Z + 2E

81249 = 8ZT + 1T + 2H + 4Z + 9E

625037 = 6HT + 2ZT + 5T + 0H + 3Z + 7E

367763 = 3HT + 6ZT + 7T + 7H + 6Z + 3E

Das *Zehnersystem* (*Dezimalsystem*) ist ein Stellenwertsystem.

- Es benötigt *zehn* Ziffern:
- Die Stellenwerte sind (von rechts nach links): 1, 10, 100, 1000, ...

Stellenwerttafel des Dezimalsystems																	
Billiarden			Billionen			Milliarden			Millionen			Tausender					
H	Z	E	H	Z	E	H	Z	E	H	Z	E	H	Z	E	H	Z	E
											6	3	7	8	0	0	0
					1	0	8	3	0	0	0	0	0	0	0	0	0
								4	5	0	0	0	0	0	0	0	0
									1	4	9	6	0	0	0	0	0
				4	0	5	0	0	0	0	0	0	0	0	0	0	0
										5	6	8	0	0	0	0	0
									3	9	2	0	0	0	0	0	0
		1	8	0	0	0	0	0	0	0	0	0	0	0	0	0	0
	1	0	8	0	0	0	0	0	0	0	0	0	0	0	0	0	0
							3	7	1	0	0	0	0	0	0	0	0
						2	0	0	0	0	0	0	0	0	0	0	0
3	1	0	0	0	0	0	0	0	0	0	0	0	0	0	0	0	0

99. Siehe oben.

100. Fülle aus.

720 000 000	720 Millionen
13 000 000	13 Millionen
380 000 000	380 Millionen
7 000 000 000	7 Milliarden

600 000 000 000	600 Milliarden
9 000 000 000 000	9 Billionen
82 000 000 000 000	82 Billionen
11 000 000 000 000 000	11 Billiarden

101. ---

102.

a) 7345	f) 7 803 009 002
b) 85 039	g) 2 015 320 000 000
c) 111 701	h) 10 001 011 100 011
d) 16 670 000	i) 7 150 000 500 400 000
e) 112 400 066	j) 75 060 275 300 000 000

103. ---

104.

	a	*b*	*c*	*d*	*e*
a)	1000	3000	6000	7500	11000
b)	0	200 Mio	500 Mio	850 Mio	1 Mrd 200 Mio

105.

	3-stellige Zahlen	4-stellige Zahlen	7-stellige Zahlen	10-stellige Zahlen
kleinste	100	1000	1 000 000	1 000 000 000
größte	999	9999	9 999 999	9 999 999 999
Anzahl	900	9000	9 000 000	9 000 000 000

106. a) $365 \cdot 24 \cdot 10\,000 \approx 360 \cdot 25 \cdot 10\,000 = 9000 \cdot 10\,000 = 90\,000\,000$.

b) $365 \cdot 24 \cdot 10\,000 = 87\,600\,000$.

107. a) kleinste Zahl: $2\,309\,415\,687$; größte Zahl: $7\,685\,413\,092$.

b) $6 \cdot 5 \cdot 4 \cdot 3 \cdot 2 \cdot 1 = 720$ Zahlen.

108. a) Wir multiplizieren eine Zahl mit 10^1 ($10^2, 10^3, \ldots$), indem wir an die Zahl 1 (2,3, ...) Null(en) anhängen.

b)

① $185 \cdot 10^7 = \underbrace{1850000000}_{\text{185 mit 7 Nullen}} = 1$ Mrd 850 Mio

② $28 \cdot 10^5 = 2\,800\,000 =$ 2 Mio 800 T

③ $42 \cdot 10^7 = 420\,000\,000 =$ 420 Mio

④ $99 \cdot 10^{10} = 990\,000\,000\,000 =$ 990 Milliarden

c)

$72\,000 = 72 \cdot 10^3$	$6\,700\,000 = 67 \cdot 10^5$	$350\,000\,000\,000 = 35 \cdot 10^{10}$
$300\,000 = 3 \cdot 10^5$	$82\,000\,000 = 82 \cdot 10^6$	$30\,500\,000\,000 = 305 \cdot 10^8$

109. a)

2,7 Mio = 2 Mio 700 T = 2 700 000

0,3 Mio = 0 Mio 300 T = 300 000

b) 8,4 Millionen.

c) 2,8 Millionen.

d) Zwischen 2,65 Millionen und 2,75 Millionen.

110. a)

Zahlenname	Zehnerpotenz	Zahlenname	Zehnerpotenz
Trillion	$(10^6)^3 = 10^{18}$	Septillion	$(10^6)^7 = 10^{42}$
Trilliarde	10^{21}	Septilliarde	10^{45}
Quadrillion	$(10^6)^4 = 10^{24}$	Oktillion	$(10^6)^8 = 10^{48}$
Quadrilliarde	10^{27}	Oktilliarde	10^{51}
Quintillion	$(10^6)^5 = 10^{30}$	Nonillion	$(10^6)^9 = 10^{54}$
Quintilliarde	10^{33}	Nonilliarde	10^{57}
Sextillion	$(10^6)^6 = 10^{36}$	Dezillion	$(10^6)^{10} = 10^{60}$
Sextilliarde	10^{39}	Dezilliarde	10^{63}

b) $735 \cdot 10^{20}$ kg = 73,5 Trilliarden kg = 73,5 Trillionen t

$597 \cdot 10^{22}$ kg = 5,97 Quadrillionen kg = 5,97 Trilliarden t

$2 \cdot 10^{30}$ kg = 2 Quintillionen kg = 2 Quadrilliarden t

111. a) 5 Milliarden

b) 1 Billion

c) 900 Milliarden

d) 100 Millionen

e) 12000

f) 5 Milliarden

112. a) 46 Billiarden 666 Billionen 666 Milliarden 666 Millioenen 666tausend 666;

Quersumme: $4 + 16 \cdot 6 = 100$

b) 199999999999 (Quersumme: $1 + 11 \cdot 9 = 100$)

113. ---

Zweiersystem

114. a)

Zahl	Anzeige des binären TR
0	0
1	1
2	10
3	11
4	100
5	101
6	110
7	111

Zahl	Anzeige des binären TR
8	1000
9	1001
10	1010
11	1011
12	1100
13	1101
14	1110
15	1111

b) 1010 = 1 Achter + 0 Vierer + 1 Zweier + 0 Einser

c) Zahlen lassen sich auch im *Zweiersystem* (*Dualsystem*) darstellen:

- Das Zweiersystem benutzt die Ziffern 0 und 1.
- Die Stellenwerte sind (von rechts nach links):

  Einer, Zweier, Vierer, Achter, Sechzehner, Zweiunddreißiger usw.

d)

16	17	18	19	20
10000	10001	10010	10011	10100

115. a) 10111_2 = 1 Sechzehner + 0 Achter + 1 Vierer + 1 Zweier + 1 Einer

= 16 + 0 + 4 + 2 + 1 = 23

b) 13
c) 15
d) 19
e) 28
f) 41
g) 54
h) 87
i) 229

116. a) 32 ist der höchste Stellenwert, der kleiner oder gleich 46 ist.

$46-32=14<16$

$14-8=6>4$

$6-4=2$

$2-2=0$

Damit folgt: $46 = 1\cdot 32+0\cdot 16+1\cdot 8+1\cdot 4+1\cdot 2+0\cdot 1$

101110_2

b)

$10 = 1010_2$	$32 = 100000_2$	$63 = 111111_2$
$17 = 10001_2$	$37 = 100101_2$	$88 = 1011000_2$
$22 = 10110_2$	$45 = 101101_2$	$100 = 1100100_2$
$29 = 11101_2$	$50 = 110010_2$	$125 = 1111101_2$

117. a) Stelle die Zweierpotenzen als Dualzahlen dar.

$2^1 = 10_2$	$2^3 = 1000_2$	$2^5 = 100000_2$	$2^7 = 10000000_2$
$2^2 = 100_2$	$2^4 = 10000_2$	$2^6 = 1000000_2$	$2^8 = 100000000_2$

b) $1\underbrace{00\ldots00}_{30\text{ Nullen}}{}_2$.

c) Die Zahl 225 liegt zwischen 2^7 und 2^8, sie hat im Dualsystem 8 Stellen: 11100001_2

118. a)

Größte Zweierpotenz, die kleiner oder gleich 109 ist: 64

- Wie viele 64er in 109? $109:64 = \mathbf{1}$ Rest 45
- Wie viele 32er in 45? $45:32 = \mathbf{1}$ Rest 13
- Wie viele 16er in 13? $13:16 = \mathbf{0}$ Rest 13
- Wie viele 8er in 13? $13:8 = \mathbf{1}$ Rest 7
- Wie viele 4er in 7? $7:4 = \mathbf{1}$ Rest 3
- Wie viele 2er in 3? $3:2 = \mathbf{1}$ Rest 1
- Wie viele 1er in 1? $1:1 = \mathbf{1}$ Rest 0

Ergebnis: $109 = 1101101_2$

b) • 1110011_2 10010000_2 100101111_2 111110100_2 1011100001_2

119. a) siehe nachstehende Tabelle

b)
- die kleinste sechsstellige Dualzahl: $100000_2 = 32$
- die größte sechsstellige Dualzahl: $111111_2 = 63$

Anzahl der sechstelligen Dualzahlen: 32

c)

Anzahl der ...	
einstelligen Dualzahlen: 2	fünfstelligen Dualzahlen: 16
zweistelligen Dualzahlen: 2	sechsstelligen Dualzahlen: 32
dreistelligen Dualzahlen: 4	zehnstelligen Dualzahlen: 512
vierstelligen Dualzahlen: 8	hundertstelligen Dualzahlen: 2^{99}

120.

a)

a)	1	0	0	1	1	0
+		1	0	1	0	1
			1			
	1	1	1	0	1	1

b)

b)	1	0	1	0	0	1
+	1	0	1	0	1	1
1		1		1	1	
1	0	1	0	1	0	0

c)

c)	1	1	1	0	1	1	1
+		1	0	1	1	1	0
1	1	1	1	1	1		
1	0	1	0	0	1	0	1

Nachteile:

- Die Zahlen werden sehr lang (großer Schreibaufwand: 2000_{10} hat im Zweiersystem bereits 11 Stellen).
- Das schriftliche Multiplizieren, Dividieren usw. ist komplizierter als im Dezimalsystem.

121. a) $2^8 = 256$ (ASCII-Zeichensatz)

b) $2^{10} = 1024$, $2^{20} = 1048576$, $2^{30} = 1073741824$

c) 1 Zeichen $\hat{=}$ 1 Byte; 2400000 Zeichen = 2400000 Byte = 2343,75 kB

Römische Zahldarstellung

122.

1	2	3	4	5	6
I	II	III	IV	V	VI

7	8	9	10	11	12
VII	VIII	IX	X	XI	XII

123. a)

- CLVI = 100 + 50 + 5 + 1 = 156
- DCCXXXII = 500 + 200 + 30 + 2 = 732

b)

XXV = 25		CCCVIII = 308		MCLXXVII = 1177	
LXII = 62		DCLXVI = 666		MDCCXXV = 1725	
CLXX = 170		DCCCLXXX = 880		MMCCXXXIII = 2233	

124.
- 10, 20, ... , 100: X, XX, XXX, XL, L, LX, LXX, LXXX, XC, C
- 100, 200, ... , 900: C, CC, CCC, CD, D, DC, DCC, DCCC, CM

125.

XXIV = 24	XCVIII = 98	CMXLVII = 947
LIX = 59	CCXCIV = 294	MCMXIX = 1919
XLIX = 49	CDLXXXIX = 489	MMCDXCIX = 2499

126.

38 = XXXVIII	273 = CCLXXIII	1994 = MCMXCIV
94 = XCIV	659 = DCLIX	3443 = MMMCDXLIII

127. a) X VI CD M VI L V V IV IV I IV I = 1496
X VI CD M VI L V VI VI VII VI = 1502

b) C XL C V L D I L V M I C VI V VII V = 1975
C XL C V L D I L V M I C V IV VI IV = 1971

c) L II D XI M I IV V L V = 1630
I C I IV M D V VI IV V = 1626
I C I IV M D V VII V V = 1628

Zahlenfolgen

128.

129.

- Gib die zehnte Zahl der Folge an: 31
- Schreibe die ersten zwanzig Zahlen der Folge auf:

  4, 7, 10, 13, 16, 19, 22, 25, 28, 31, 34, 37, 40, 43, 46, 49, 52, 55, 58, 61
- Ja, denn 100 = 99 + 1 .

130.

a)	8	20	32	44	56	68	80	92	104	…
b)	1	3	9	27	81	243	729	2187	6561	…
c)	4	6	4	6	4	6	4	6	4	…
d)	0	1	3	7	15	31	63	127	255	…
e)	3	5	8	13	21	34	55	89	144	…

131.

a)	10	16	22	28	34	40	46	52	58	…			
b)	18	36	54	72	90	108	126	144	162	…			
c)	80	77	74	71	68	65	62	59	56	…			
d)	5	6	8	11	15	20	26	33	41	50	…		
e)	1	2	5	6	9	10	13	14	17	18	21	…	
f)	1	2	7	8	3	4	9	10	5	6	11	12	…
g)	50	51	49	52	48	53	47	54	46	55	…		
h)	1	2	4	8	16	32	64	128	256	512	…		

132.

Zahlenfolge	Bildungsgesetz: Ich erhalte die nächste Zahl, indem ich ...
a) 6, 13, 20, 27, 34, ...	... zum Vorgänger 7 addiere.
b) 111, 107, 103, 99, ..., 3	... vom Vorgänger 4 subtrahiere.
c) 5, 10, 20, 40, 80, ...	... den Vorgänger verdopple.
d) 2048, 1024, 512, 256, ..., 1	... den Vorgänger halbiere.
e) 3, 5, 3, 5, 3, ...	... den Vorgänger von 8 subtrahiere.
f) 1, 2, 5, 14, 41, ...	... den Vorgänger verdreifache und vom Ergebnis 1 subtrahiere.

133. a)
- 7
- 700
- 2
- 122
- 495
- 101

b)
- 1001. Stelle
- 278. Stelle
- 40. Stelle
- 4705. Stelle
- 30. Stelle
- 41. Stelle

Vergleich von Mengen

134. Nein, denn beide Mengen haben 10 Elemente ($10^2 = 100$, $10^3 = 1000$).

135.

a) $\{4, 5, 6, 7\}$ = Menge aller Zahlen von 4 bis 7

b) $\{0, 1, 2, 3, 4\}$ = Menge aller Zahlen bis 4

c) $\{9, 10, 11, 12, \ldots\}$ = Menge aller Zahlen ab 9

d) $\{13, 26, 39, 52, \ldots\}$ = Menge aller Vielfachen von 13

e) $\{28, 35, 42, 49, 56, 63, \ldots\}$ = Menge aller Vielfachen von 7 ab 28

f) $\{1, 3, 5, 15\}$ = Menge aller Teiler von 15

g) $\{31, 37\}$ = Menge der Primzahlen zwischen 30 und 40

h) $\{2, 4, 8, 16, 32, \ldots\}$ = Menge der Zweierpotenzen

136. a)

A = Menge aller ungeraden Zahlen, die kleiner als 8 sind = $\{1, 3, 5, 7\}$

B = Menge aller Teiler von 105, die kleiner als 10 sind = $\{1, 3, 5, 7\}$

Vergleich: A = B

b)

Zwei Mengen heißen gleich, wenn sie dieselben Elemente haben.

c)

$\{4,5,7,8,9\} = \{7,4,9,8,5\}$	$\{81,27,9,3,1\} = \{3^0,3^1,3^2,3^3,3^4\}$
$\{4,5,7,8,9\} \neq \{8,5,4,6,9\}$	$\{\ \} \neq \{0\}$
$\{0,1,2,3\} = \{3,0,2,1,0\}$	$\{10,11,9,12,8,\ldots,0\} = \{0,1,2,\ldots,20\}$

137. a)

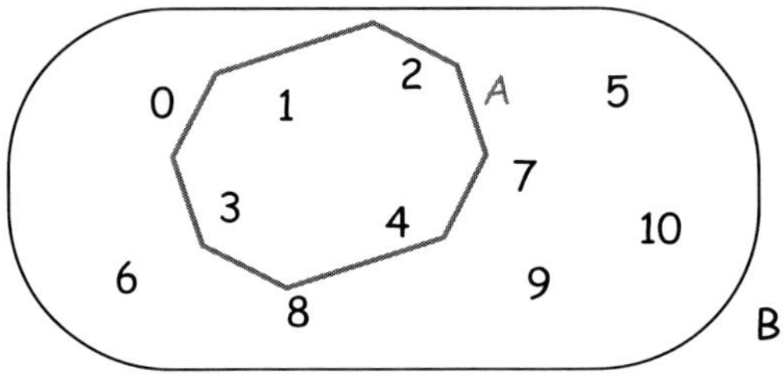

b) Die Menge A ist Teilmenge von B.

Wir schreiben dafür: $A \subset B$

c) Nein, denn $11 \notin B$.

d) Eine Menge A heißt Teilmenge einer Menge B, wenn jedes Element von A auch Element von B ist.

138. a)

$\{2,4,6,8\} \subset \{9,8,6,4,2,1\}$	$\{18\} \subset \{3,6,12,\ldots,30\}$
$\{7,3,9\} \not\subset \{7,1,2,9,8,4\}$	$\{2,4,6,8,\ldots\} \subset \{1,2,3,4,\ldots\}$
$\{6,7\} \not\subset \{4,5,8,9\}$	$\{7,14,21,\ldots\} \not\subset \{1,3,5,7,\ldots\}$

b) *Zwei besondere Fälle:*

$\{6,7,8\} \subset \{8,7,6\}$	$\{\ \} \subset \{1,2,3,4,5\}$

139. a)

Menge	Teilmengen	Anzahl
$\{a\}$	$\{\ \}, \{a\}$	2
$\{a,b\}$	$\{\ \}, \{a\}, \{b\}, \{a,b\}$	4
$\{a,b,c\}$	$\{\ \},\{a\},\{b\},\{c\},\{a,b\},\{a,c\},\{b,c\},\{a,b,c\}$	8

b)

$\{a,b,c,d\}$	$\{\ \}, \{a\}, \{b\}, \{c\}, \{d\}, \{a,b\}, \{a,c\}, \{a,d\}, \{b,c\}, \{b,d\}, \{c,d\}, \{a,b,c\}, \{a,b,d\}, \{a,c,d\}, \{b,c,d\}, \{a,b,c,d\}$	16

c)

$\{a,b,c,d,e\}$	$\{\ \}, \{a\}, \{b\}, \ldots, \{a,b,c,d,e\}$	32

d) Die Menge $\{a,b,c,\ldots,z\}$ hat $2^{26} (= 67108864)$ Teilmengen.

e) Eine n-elementige Menge besitzt 2^n Teilmengen.

Größen

2

1.

Größe	Maßzahl	Maßeinheit	
Hubraum 1598 cm^3	1598	cm^3	Kubikzentimeter
Leistung 90 kW	90	kW	Kilowatt
Drehmoment 160 Nm	160	Nm	Newtonmeter
Geschwindigkeit 203 km/h	203	Km/h	Kilometer pro Stunde
Zeit der Beschleunigung von 0 bis 100 km/h	9,1	s	Sekunden
Tankinhalt (Volumen) 40 ℓ	40	ℓ	Liter
Länge 3723 mm	3723	mm	Millimeter
Leergewicht 1090 kg	1090	kg	Kilogramm
Verbrauch je 100 km 5,4 ℓ	5,4	ℓ	Liter
CO_2-Emission je km	127	g	Gramm
Preis 19600 €	19600	€	Euro

Länge

2. a) ---
b) ---
c) Nicht alle Bleistifte sind gleich lang. Nicht jeder hat die gleiche Schrittlänge.
d) ---

Grundeinheit der Länge: Meter (m)
Untereinheiten: Dezimeter (dm), Zentimeter (cm), Millimeter (mm)
Obereinheit: Kilometer (km)

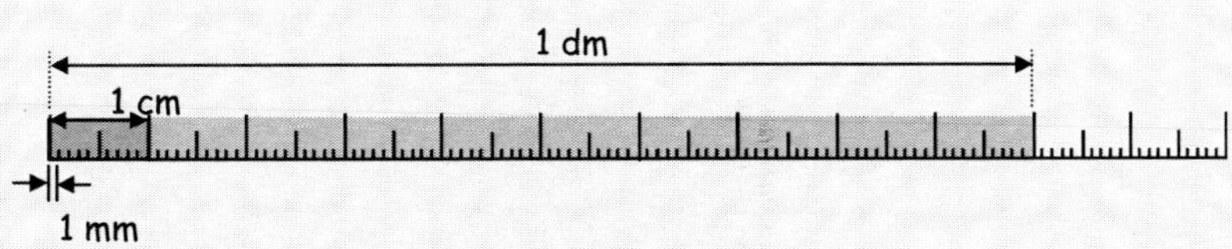

3. a) Siehe oben.

b)

1 cm = 10 mm	1 dm = 10 cm	1 m = 10 dm	1 km = 1000 m
	= 100 mm	= 100 cm	= 1000000 mm
		= 1000 mm	

c)

200 cm = 2 m	9000 mm = 9 m	760 dm = 76 m
50 dm = 5 m	3 km = 3000 m	25000 cm = 250 m

d)

15 m = 1500 cm	80 mm = 8 cm	340 mm = 34 cm
42 dm = 420 cm	3216 m = 321600 cm	1 km = 100000 cm

e)

29000 m = 29 km	320000 m = 320 km	1 Mio m = 1000 km
60000 dm = 6 km	2000000 cm = 20 km	$3 \cdot 10^6$ mm = 3 km

4.

... die Höhe eines Turmes?	m	... die Breite eines Sportplatzes?	m
... die Länge eines Kugelschreibers?	cm	... die Entfernung zwischen Saarbrücken und Paris?	km
... die Dicke eines Drahtes?	mm	... die Maße eines Fensters?	cm

5. a) ---

b)

Strecke	Länge der Strecke
$\overline{AB}$	10 cm
$\overline{BC}$	5,6 cm
$\overline{CD}$	6 cm
$\overline{AD}$	6,4 cm
$\overline{AC}$	9,2 cm
$\overline{BD}$	10,3 cm

c) $10\,\text{cm} + 5{,}6\,\text{cm} + 6\,\text{cm} + 6{,}4\,\text{cm}$
$= 28\,\text{cm}$

d)

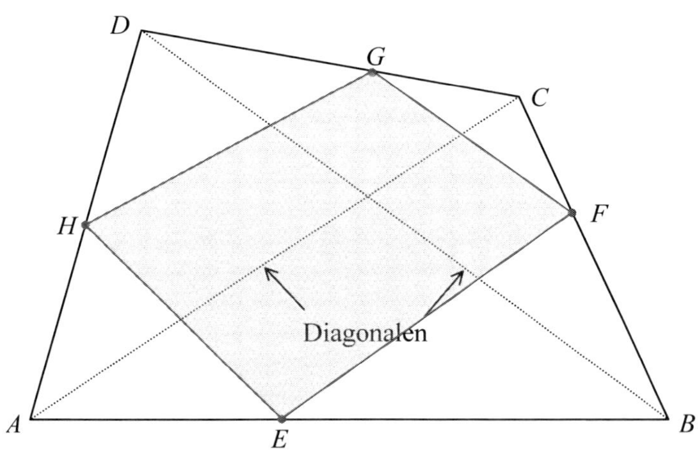

6.

Entfernung zwischen ...	
... Saarbrücken und Merzig	35 km
... Saarlouis und Saarburg	36 km
... St. Ingbert und St. Wendel	21 km
... Forbach und Ottweiler	31 km
... Saarburg und Birkenfeld	45 km

7. a)/b)/d)

	100 km	10 km	1 km	100 m	10 m	1 m	100 mm 1 dm	10 mm 1 cm	1 mm
8702 mm						8	7	0	2
753 cm						7	5	3	
4705 m			4	7	0	5			
164 dm					1	6	4		
12 km 96 m		1	2	0	9	6			
679018 mm				6	7	9	0	1	8
3,54 m						3	5	4	
5,307 m						5	3	0	7
18,3 cm							1	8	3
9,1 km			9	1	0	0			
15,04 km		1	5	0	4	0			
1,2345 km			1	2	3	4	5		

c) 3,54 m = 3 m 5 dm 4 cm

8. a)

Angabe in m	100 m	10 m	1 m	100 mm 1 dm	10 mm 1 cm	1 mm	Angabe in cm
2,485 m			2	4	8	5	248,5 cm
15,207 m		1	5	2	0	7	1520,7 cm
6,39 m			6	3	9	0	639,0 cm
0,753 m			0	7	5	3	75,3 cm
308,1 m	3	0	8	1	0		30810 cm
0,046 m			0	0	4	6	4,6 cm

b)
- Beim Übergang von m zu cm wird das Komma um zwei Stellen nach rechts verschoben.
- Beim Übergang von cm zu m wird das Komma um zwei Stellen nach links verschoben.

c) Problemlösungen:

① ,0 ergänzen.

② Links ausreichend viele Nullen voranstellen.

③ Hinter die letzte Ziffer hinterm Komma Nullen anfügen.

① 742 cm = 742,0 cm = 7,42 m

② 7,5 cm = 007,5 cm = 0,075 m

③ 3,6 m = 3,600 m = 360,0 cm

d) Kommaverschiebungsregel anwenden.

- Schreibe in der Einheit cm.

6,789 m = 678,9 cm	7,75 m = 775 cm	1,3 m = 130 cm
0,382 m = 38,2 cm	4,08 m = 408 cm	11 m = 1100 cm
0,067 m = 6,7 cm	0,43 m = 43 cm	0,2 m = 20 cm

- Schreibe in der Einheit m.

315,8 cm = 3,158 m	37,4 cm = 0,374 m	8,3 cm = 0,083 m
315 cm = 3,15 m	73 cm = 0,73 m	7 cm = 0,07 m
1230 cm = 12,3 m	10 cm = 0,1 m	0,6 cm = 0,006 m

9. a)

Angabe in km	10 km	1 km	100 m	10 m	1 m	1 dm	1 cm	Angabe in m
3,578 km		3	5	7	8			3578 m
0,8756 km		0	8	7	5	6		875,6 m
27,31 km	2	7	3	1	0			27310 m
0,05325 km		0	0	5	3	2	5	53,25 m
1,8064 km		1	8	0	6	4		1806,4 m

b)
- Beim Übergang von km zu m wird das Komma um drei Stellen nach rechts verschoben.
- Beim Übergang von m zu km wird das Komma um drei Stellen nach links verschoben.

c) Kommaverschiebungsregel anwenden.

- Schreibe in der Einheit m.

6,375 km = 6375 m	132,75 km = 132750 m	0,05 km = 50 m
4,78 km = 4780 m	0,125 km = 125 m	10,001 km = 10001 m
18,1 km = 18100 m	0,7 km = 700 m	0,0775 km = 77,5 m

- Schreibe in der Einheit km.

5238 m = 5,238 km	12500 m = 12,5 km	255000 m = 255 km
8700 m = 8,7 km	780 m = 0,78 km	1340,5 m = 1,3405 km
1250 m = 1,25 km	69 m = 0,069 km	31,42 m = 0,03142 km

10.

3,200 m = 3,2 m	r	15,2 dm = 1520 mm	r
0,070 m = 0,7 m	f	6 km 500 dm = 6,05 km	r
5,3 km = 5 km 30 m	f	1 dm 7 mm = 1,7 cm	f
2 m 13 mm = 201,3 cm	r	10 km 40 m = 10,40 km	f

11.

Übergang	Kommaverschiebung	Beispiel
cm → mm	1 Stelle nach rechts.	20,6 cm = 206 mm
mm → cm	1 Stelle nach links.	89 mm = 8,9 cm
dm → cm	1 Stelle nach rechts.	0,7 dm = 7 cm
cm → dm	1 Stelle nach links.	12,5 cm = 1,25 dm
m → mm	3 Stellen nach rechts.	4,382 m = 4382 mm
mm → m	3 Stellen nach links.	605 mm = 0,605 m
dm → mm	2 Stellen nach rechts.	18,7 dm = 1870 mm
mm → dm	2 Stellen nach links.	856 mm = 8,56 dm
km → cm	5 Stellen nach rechts.	0,56 km = 56000 cm
mm → km	6 Stellen nach links.	3500000 mm = 3,5 km

12. a) 4,5m ; 7,28m ; 1,266m ; 15000m ; 12,5m ; 320m ; 0,43m ; 0,68m ; 27200m ; 0,075m ; 0,095m ; 56,5m

b) 435cm ; 34dm ; 147mm ; 35cm ; 783mm ; 305mm ; 6350m ; 981mm ; 1047mm ; 65dm ; 58mm ; 774dm

13. a) 53dm d) 7,8cm g) 320mm j) 1,28dm
b) 1350mm e) 58dm h) 0,127m k) 15dm
c) 750km f) 1840mm i) 6,4km l) 8000cm

14. Rechnung:

$$3000\,m + 3000\,dm + 3000\,cm + 3000\,mm$$
$$= 3000\,m + 300\,m + 30\,m + 3\,m$$
$$= 3333\,m$$
$$3333\,m : 3\,m = 1111$$

Antwort: Silvester braucht 1111 Sprünge.

15. a)

		m			mm			µm			nm

b) 1 m = 10^3 mm = 10^6 µm = 10^9 nm

c)
- Korndurchmesser von Feinsand: 0,0002 m = 0,2 mm = 200 µm
- Dicke des menschlichen Haares: 0,00006 m = 0,06 mm = 60 µm
- Durchmesser der roten Blutkörperchen: 0,000 008 m = 8 µm
- Größe von Bakterien: 0,0000005 m – 0,000005 m = 0,5 µm – 5 µm
- Größe von Viren: 0,00000001 m – 0,0000003 m = 10 nm – 300 nm

Masse (Gewicht)

16.

Silvester hat auf seine Seite der Schaukel ein passendes Gewichtsstück aufgelegt, so dass auf beiden Seiten die gleiche Masse ist.

17. a)

1 g = 1000 g	1 kg = 1000 g	1 t = 1000 kg
	= 1000000 mg	= 1000000 g
		= 1000000000 mg

b)

8000 g = 8 kg	32 t = 32000 kg	4 t 75 kg = 4075 kg
250000 g = 250 kg	1 t 315 kg = 1315 kg	10 t 3 kg = 10003 kg

c)

12000 mg = 12 g	3 kg = 3000 g	1 kg 10 g = 1010 g
102000 mg = 102 g	14 kg 250 g = 14250 g	2 t 5 kg = 2005000 g

d)

7 g = 7000 mg	2 g 678 mg = 2678 mg	3kg = 3000000 mg
48 g = 48000 mg	11 g 12 mg = 11012 mg	1 kg 72 g 5 mg = 1072005 mg

18. a)

- Gewicht von einem Liter Wasser: 1 kg
- Gewicht einer Tafel Schokolade: 100 g , 300 g , ...
- Gewicht von einem Sack Zement: 25 kg
- Gewicht eines Briefumschlags: ca. 5 g
- dein eigenes Gewicht: ---

b)

	geschätztes Gewicht
Dose Cola	ca. 400 g
Elektrolok	ca. 100 t
Maikäfer	ca. 20 g
Pkw	ca. 1000 kg
Weizenkorn	50 mg
MathelehrerIn	---

19.

	1t	100kg	10kg	1kg	100g	10g	1g	100mg	10mg	1mg
35 kg 170 g			3	5	1	7	0			
7 kg 45 g				7	0	4	5			
620g 300mg					6	2	0	3	0	0
51g 378mg						5	1	3	7	8
1kg 25g 90mg				1	0	2	5	0	9	0
4t 380 kg	4	3	8	0						
0t 123kg 456g	0	1	2	3	4	5	6			

20.

1800 g	1 kg 180g	18,18 kg	180 000mg	0,018 t	18018 g
③	②	⑥	①	④	⑤

21.

47,6 kg = 47 kg 6 g	f	0,058 kg = 58 g	r
8,07 t = 8070 kg	r	0,75 t = 750 kg	r
23,75 g = 2375 mg	f	1,0625 kg = 10625 mg	f

22. a)

Angabe in kg	10 kg	1 kg	100 g	10 g	1 g	100 mg	10 mg	Angabe in g
3,580 kg		3	5	8	0			3580 g
12,075 kg	1	2	0	7	5			12075 g
0,3827 kg		0	3	8	2	7		382,7 g

Angabe in t	10 t	1 t	100 kg	10 kg	1 kg	100 g	10 g	Angabe in kg
24,5 t	2	4	5	0	0			24500 kg
0,08375 t		0	0	8	3	7	5	83,75 kg
1,06 t		1	0	6	0			1060 kg

Angabe in g	1 kg	100 g	10 g	1 g	100 mg	10 mg	1 mg	Angabe in mg
0,576 g				0	5	7	6	576 mg
112,05 g		1	1	2	0	5	0	112050 mg

b)
- Beim Übergang zur nächstkleineren Masseneinheit wird das Komma um drei Stellen nach rechts verschoben.
- Beim Übergang zur nächstgrößeren Masseneinheit wird das Komma um drei Stellen nach links verschoben.

23. a) 3092 g ; 12850 g ; 4700 g ; 3 g ; 0,75 g ; 4,2 g ; 16,35 g ; 0,067 g

b) 8700 kg ; 7050 kg ; 25 kg ; 885 kg ; 3,5 kg ; 475 kg ; 0,572 kg ; 0,82 kg

c) 56 t ; 5,516 t ; 0,23 t ; 0,058 t ; 0,4725 t ; 100 t ; 1 t ; 2000 t

24.

50,9 kg = 50900 g	3,4 g = 3400 mg	0,018 g = 18 mg
0,75 g = 750 mg	3,04 kg = 3040 g	0,0425 kg = 42500 mg
2,38 t = 2380 kg	2,007 t = 2007 kg	1,02525 t = 1025250 g

25. Masse rechts: 56 g
Masse des kleinen Windspiels aus Dreieck, Herz und Kreuz: 28 g
Masse von Kreuz und Herz zusammen: 14g
Masse des Herzens: 7g

26. a) Der Wägesatz enthält je 2 Wägestücke zu 200g, 20g und 2g, je 1 Wägestück zu 100g, 10g und 1g sowie je 1 Wägestück zu 50g und 5g.

b) 610g

c) $100\,g + 50\,g + 2 \cdot 20\,g + 5\,g + 2\,g + 1\,g = 198\,g$

d) $2 \cdot 200\,g + 100\,g + 50\,g + 10\,g + 1\,g = 561\,g$

e) Wir können alle Gewichte von 1g bis 610g messen:

- Mit den 1g-, 2g- und 5g-Wägestücken können wir die Gewichte 1g, 2g, ... , 10g messen.
- Mit den 10g-, 20g- und 50g-Wägestücken können wir die Gewichte 10g, 20g, ... , 100g messen.
- Mit den 100g- und 200g-Wägestücken können wir die Gewichte 100g, 200g, ... , 500g messen.

f) Wir müssen ein 500g-Wägestück und ein 1000g-Wägestück hinzufügen. Dann können wir mit den 100g-, 200g-, 500g- und 1kg-Wägestücken die Gewichte 100g, 200g, ... , 1000g, 1100g, 1200g, ..., 2000g messen.

27. a) Teile die 6 Kugel in drei Paare auf. Wiege zwei dieser Paare.
Wenn sich ein Ausschlag ergibt, dann wiege das schwerere Paar getrennt.
Wenn sich kein Ausschlag ergibt, dann wiege das dritte Paar.

b) 3

Mit Größen rechnen

28. a) 18 km + 15 km + 22 km = 55 km

b) 180 kg – (65 kg + 33 kg) = 82 kg

c) 4 kg + 280 g = 4 kg + 0,280 kg = 4,280 kg

29.

5 kg + 485 g	11 cm - 57 mm	8 € - 134 c
= 5000 g + 485 g	= 110 mm - 57 mm	= 800 c - 134 c
= 5485 g	= 53 mm	= 666 c

d) 4725 kg
e) 1050 cm
f) 625 m
g) 620 mg
h) 209 dm
i) 2223 c

30.

a) 380 cm
b) 20295 m
c) 3750 g
d) 1095 mg
e) 10770 kg
f) 74 cm

31. a)

	1 5 3 0 cm
	2 8 cm
	7 0 7 cm
Übertrag	1
	2 2 6 5 cm

b)

	1 5,3 m
	0,2 8 m
	7,0 7 m
Übertrag	1
	2 2,6 5 m

Schriftliches Addieren / Subtrahieren in Kommaschreibweise:

- Komma unter Komma schreiben.
- Ohne Berücksichtigung des Kommas addieren/subtrahieren.
- Komma setzen.

32. a) 190,48 m
b) 80,765 kg
c) 20,59 €
d) 246,6 cm
e) 10,603 t
f) 61,27 €

33. a) $6 \cdot 15\,\text{km} = 90\,\text{km}$
b) $3{,}5\,\text{m} : 7 = 350\,\text{cm} : 7 = 50\,\text{cm}$
c) $450\,\text{kg} : 5\,\text{kg} = 90$

Vervielfachen einer Größe: Wir multiplizieren Zahl und Maßzahl und behalten die Maßeinheit bei.	**Beispiel:** $7 \cdot 12\,\text{kg} = 84\,\text{kg}$
Teilen einer Größe: Wir dividieren die Maßzahl durch die Zahl und behalten die Maßeinheit bei.	**Beispiel:** $280\,\text{m} : 40 = 7\,\text{m}$
Division von Größen mit gleicher Maßeinheit: Wir dividieren die Maßzahlen und lassen die Maßeinheit weg.	**Beispiel:** $360\,\text{kg} : 8\,\text{kg} = 45$

34. a)

8 · 7 kg = 56 kg
4 · 75 kg = 300 kg
7 · 15 m = 105 m
125 · 3 t = 375 t
12 · 4 cm = 48 cm
30 · 45 mm = 1350 mm

b)

48 km : 8 = 6 km
1000 kg : 8 = 125 kg
150 t : 6 = 25 t
165 m : 15 = 11 m
104 cm : 13 = 8 cm
324 € : 18 = 18 €

c)

72 m : 9 m = 8
3700 mm : 37 mm = 100
630 t : 7 t = 90
1120 kg : 16 kg = 70
560 € : 80 € = 7
228 km : 12 km = 19

35. a)

R.: 240 km : 15 km = 16

A.: Wurzel und Silvester sind 16 Tage unterwegs.

Probe: 16 · 15 km = 240 km.

b)

R.: 240 km : 18 km = 13 Rest 6 km

A.: Nach 13 Tagen haben die beiden 234 km zurückgelegt. Sie können die restlichen 6 km zusätzlich am 13.oder 14. Tag zurücklegen.

Probe: 16 · 18km + 6km = ... = 240 km.

36. a)

Wievielmal sind enthalten ...	Rechnung	Antwort
... 14 m in 98 m ?	98m : 14m = 7	14 m sind 7mal in 98 m enthalten.
... 12 € in 960 € ?	960€ : 12€ = 80	12€ sind 80mal in 960€ enthalten.
... 15 kg in 4500 kg ?	4500kg : 15kg = 300	15kg sind 300mal in 4500kg enthalten.
... 190 g in 9500 g ?	9500g : 190g = 50	190g sind 50mal in 9500g enthalten.

b) Wievielmal sind 14 m in 100 m enthalten?

Rechnung: 100 m : 14 m = 7 Rest 2 m

Antwort: 14 m sind 7mal in 100 m enthalten, 2 m bleiben Rest.

c) • 8 Rest 3 € • 5 Rest 5 t • 9 Rest 75 g

37. ① Silvester wandelt durch Kommaverschiebung so um, dass kein Komma mehr vorkommt, rechnet dann aus und schiebt anschließend das Komma wieder gleich weit zurück.

② a) 14,4 kg e) 0,6 t i) 4 m) 13,6 cm
b) 6,3 m f) 0,9 cm j) 6 n) 50
c) 22,5 € g) 0,11 € k) 10 o) 280 g
d) 13,2 g h) 0,025 kg l) 30 p) 7

38. a)

```
437cm · 28
---------------
      874
      3496
    1 1 1
---------------
    12236cm
```

b)

```
4,37m · 28
---------------
      874
      3496
    1 1 1
---------------
    122,36m
```

Schriftliches Multiplizieren in Kommaschreibweise:

- Ohne Berücksichtigung des Kommas multiplizieren.
- Im Ergebnis so viele Nachkommastellen abstreichen wie die Größe hat.

39. a) 541,45 m b) 3225,8 kg c) 154,5 km

40. a)

7 3 6 5 cm : 15 = 4 9 1 cm
6 0
1 3 6
1 3 5
1 5
1 5
0

b)

7 3,6 5 m : 15 = 4,9 1 m
6 0
1 3 6 ← Komma
1 3 5
1 5
1 5
0

Schriftliches Dividieren in Kommaschreibweise:

- Wie üblich dividieren.
- Wenn du beim Dividenden das Komma „überschreitest" (gestrichelte Linie), musst du im Ergebnis das Komma setzen.

41. a) 234,5 m b) 6,28 t c) 14,65 kg d) 0,76 km e) 64,8 t f) 37,75 km

Sachaufgaben

42. Silvester muss 8,4 kg nach Hause tragen.
$1{,}5 \cdot 5600\text{ g} = 8400\text{ g} = 8{,}4\text{ kg}.$

Zu Zeigen ist: Es ist das $1\frac{1}{2}$-fache seines Körpergewichts.

Sylvester wiegt 5600 g = 5,6 kg. 8,4 kg : 5,6 kg = 1,5 = $1\frac{1}{2}$.

43. Rechnung: $85\,€ + 25\,€ + 32\,€ = 142\,€$
$476\,€ - 142\,€ = 334\,€$

Antwort: Herrn Martins Gewinn beträgt 334 €.

44. a) Rechnung: $10\,€ - (4 \cdot 0{,}70\,€ + 2 \cdot 1{,}20\,€ + 2 \cdot 0{,}35\,€ + 0{,}40\,€) = 3{,}70\,€$
Antwort: Susanne erhält 3,70 € zurück.

b) Er kann dann 4 € und damit in weniger Münzen rausgeben.

45. Ein grober Überschlag ergibt 63 €. Exaktes Ergebnis: 63,35 €.

46. a) Rechnung: Summe aller Nebenkosten: 835€ + 1837€ + 748€ + 393€ = 3813€
Nebenkosten je Familie: 3813€ : 3 = 1271€

Antwort: Jede Familie muss 1271€ bezahlen.

b) $12 \cdot 105\,€ = 1260\,€ < 1271\,€$

Antwort: Jede Familie muss 11€ nachzahlen.

47. a) Gewicht: 187,5 g, Länge: 58,25 mm ≈ 5,8 cm.

b) $12 \cdot 187{,}5\text{ g} = 2250{,}0\text{ g} = 2{,}25\text{ kg}$. Zu wenige Münzen!

48. Rechnung:
1. maximale Zuladung: $1685\,\text{kg} - 1135\,\text{kg} = 550\,\text{kg}$
2. Personen: $87\,\text{kg} + 73\,\text{kg} + 52\,\text{kg} + 38\,\text{kg} = 250\,\text{kg}$
3. Gepäck (insgesamt): $550\,\text{kg} - 250\,\text{kg} = 300\,\text{kg}$
4. Gepäck pro Person: $300\,\text{kg} : 4 = 75\,\text{kg}$

Antwort: Jeder kann 75 kg mitnehmen.

49. a) Rechnung:
noch zu laufen: $7 \cdot 400\,\text{m} = 2800\,\text{m}$ (7 Runden)
gelaufen: $(5000\,\text{m} - 2800\,\text{m}) : 400\,\text{m} = 2200\,\text{m} : 400\,\text{m} = 5$ Rest $200\,\text{m} = 5\frac{1}{2}$ Runden

Antwort:
Die Läufer sind bereit $5\frac{1}{2}$ Runden gelaufen und müssen noch $2800\,\text{m}$ zurücklegen.

b) 10000 m-Lauf: $10000\,\text{m} : 400\,\text{m} = 25$, also 25 Runden
3000 m-Lauf: $3000\,\text{m} : 400\,\text{m} = 7$ Rest 200 m, also $7\frac{1}{2}$ Runden
1500 m-Lauf: $1500\,\text{m} : 400\,\text{m} = 3$ Rest 300 m, also $3\frac{3}{4}$ Runden

50. a) Rechnung: $(2 \cdot 270\,\text{m}) : 75\,\text{cm} = 54000\,\text{cm} : 75\,\text{cm} = 720$

Antwort: Es müssen 720 Randsteine bestellt werden.

b) Rechnung: $650 \cdot 0{,}8\,\text{m} = 650 \cdot 8\,\text{dm} = 5200\,\text{dm} = 520\,\text{m} < 540\,\text{m}$.

Antwort: Nein, 650 Randsteine reichen nur für 520 m Gehweg.

51. Rechnung: $2 \cdot 4{,}25\,\text{m} + 2 \cdot 3{,}65\,\text{m} - 1{,}10\,\text{m} = 14{,}70\,\text{m}$
5 Leisten sind $5 \cdot 2{,}80\,\text{m} = 14\,\text{m}$ lang.

Antwort: Es müssen 6 Leisten gekauft werden.

52. a) Rechnung: $400 \cdot 81\,\text{cm} = 32\,400\,\text{cm} = 324\,\text{m}$

Antwort: Silvester hat einen Weg von 324 m zurückgelegt.

b) Rechnung: $1\,\text{km}\ 215\,\text{m} = 1215\,\text{m} = 121500\,\text{cm}$

$121500\,\text{cm} : 81\,\text{cm} = 1500$

Antwort: Das Rad muss sich 1500mal drehen.

c) Rechnung: $121500\,\text{cm} : 1350 = 90\,\text{cm}$

Antwort: Der Umfang des Rades beträgt 90cm.

53. a) Rechnung: Herr Wolf zahlt sofort $990\,€ : 3 = 330\,€$. Rest: $660\,€$

Monatsrate: $44\,€$; Anzahl der Monate: $660\,€ : 44\,€ = 15$

Antwort: Der Fernseher ist nach 15 Monaten vollständig bezahlt.

b) Rechnung: $660\,€ : 12 = 55\,€$

Antwort: Die Monatsrate beträgt dann 55€.

54. a)
- 12 kg Äpfel kosten $12 \cdot 1{,}79\,€ = 21{,}48\,€$.
- 12 kg Birnen kosten $4 \cdot 4{,}95\,€ = 19{,}80\,€$.

b) Rechnung: $50 \cdot 1{,}79\,€ = 89{,}50\,€$

$89{,}50\,€ - 85\,€ = 4{,}50\,€$

Antwort: Ja, der Rabatt beträgt 4,50€.

55. a) Eine Flasche Wein kostet $121{,}25\,€ : 25 = 6{,}85\,€$.

b) Herr Peter muss $6 \cdot 6{,}85\,€ = 41{,}10\,€$ bezahlen.

56. Rechnung: Alpha-Markt: 1 kg Kartoffeln kostet $52\,€ : 80 = 0{,}65\,€$.

Beta-Markt: 1 kg Kartoffeln kostet $44{,}20\,€ : 65 = 0{,}68\,€$.

Antwort: Frau Alt kaufte günstiger.

57. a) Rechnung: $600 \cdot 1{,}21\,€ = 726\,€$.

Antwort: Herr Meyer muss 726€ bezahlen.

a) Rechnung: $43{,}60 \cdot 1{,}21\,€ = 52{,}76\,€$

$54{,}50\,€ - 52{,}76\,€ = 1{,}74\,€$

Antwort: Die Travelcard vor Ort kostet 1,74€ weniger.

58. a) Rechnung: 1. Sprudel: $4 \cdot 2{,}89\,€ = 11{,}56\,€$

2. Pfand: $4 \cdot (12 \cdot 0{,}20\,€ + 1{,}50\,€) = 15{,}60\,€$

Antwort: Gesamtkosten: 27,16 €

b) Rechnung: 1. Sprudel + Pfand: $2{,}89\,€ + 3{,}90\,€ = 6{,}79\,€$

2. Leergut: $3 \cdot 3{,}90\,€ = 11{,}70\,€$

Antwort: Der Kunde bekommt also noch $11{,}70\,€ - 6{,}79\,€ = 4{,}91\,€$ zurück.

59.

	Preis des Hauses	Höhe des Darlehens	monatliche Darlehensrate
DM-Betrag	300 000	200 000	1400
Euro-Betrag	153 387	102 258	715,81

Zeit

60.

Vorgang
Sommerferien
Unterrichtsstunde
100m-Lauf
20km-Wanderung
Umlaufzeit des Planeten Uranus um die Sonne
Blitzdauer bei einem Blitzgerät
Urlaubsreise

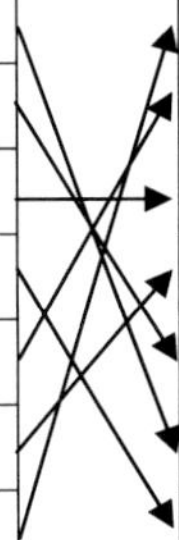

Zeitspanne
14 Tage
84 Jahre
13 Sekunden
2 Millisekunden
45 Minuten
6 Wochen
5 Stunden

61. Die Schwingungsdauer beträgt 2 s.

62.

Grundeinheit der Zeit: **Sekunde (s)**

Obereinheiten: Minute (min)
Stunde (h)
Tag (d)
Jahr (a)

1 min = 60 s	1 h = 60 min	1 d = 24 h
	= 3600 s	= 1440 min
		= 86400 s

63. a)

7 min = 420 s	30 min = 1800 s	6 min 48 s = 408 s
12 min = 720 s	2 min 35 s = 155 s	16 min 40 s = 1000 s

b)

9 h = 540 min	18 h 31 min = 1111 min	900 s = 15 min
15 h = 900 min	180 s = 3 min	1440 s = 24 min
4 h 53 min = 293 min	600 s = 10 min	3000 s = 50 min

c)

5 d = 120 h	4 d 4 h = 100 h	720 min = 12 h
7 d = 168 h	120 min = 2 h	1020 min = 17 h
1 d 15 h = 39 h	300 min = 5 h	4200 min = 70 h

64. a) $365\text{ d} = 8760\text{ h} = 525\,600\text{ min}$

b) $525\,600 \cdot 60 = 31\,536\,000$. Ja, Silvester hat Recht.

c) $4 \cdot 8766\text{ h} = 35064\text{ h}$

d) $4 \cdot 8766\text{ h} = 35064\text{ h} = 4 \cdot 365\text{ d} + 1\text{ d} = 4\text{ a} + 1\text{ d}$.

Die Erde benötigt etwa einen Tag mehr als 4 Jahre für 4 Umläufe um die Sonne. Damit sich die Jahreszeiten nicht verschieben, fügt man alle 4 Jahre einen Tag ein.

65.
- Zeitspannen: 50 min ; 10 min
- Zeitpunkte: 9.11. ; 15.30 Uhr ; 16.30 Uhr

66. a) $13\text{h}\ 25\text{min} = 13 \cdot 60\text{min} + 25\text{min} = 780\text{min} + 25\text{min} = 805\text{ min}$

b) 18:07 Uhr

c) $500\text{ min} = 480\text{min} + 20\text{min} = 8 \cdot 60\text{min} + 20\text{min} = 8\text{h}\ 20\text{min}$

Uhrzeit: 08:20 Uhr

d) $222\text{ min} = 3\text{h}\ 42\text{min}$

$24\text{h} - 3\text{h}\ 42\text{min} = 20\text{h}\ 18\text{min}$

Uhrzeit: 20:18 Uhr

67. 01.03.05 ; 03.05.07 ; 05.07.09 ; 07.09.11 ; 09.11.13.

68. a)

407 min
= 360 min + 47 min
= 6h 47min

800 min
= 780 min + 20 min
= 13h 20min

Im Heft: 1h 38min ; 2h 25min ; 3h 13min ; 11h 6min ; 16h 40min

b)

573 s = 540 s + 33 s
= 9 min 33 s

c)

106 s = 1 min 46 s	255 s = 4 min 15 s	725 s = 12 min 5s
172 s = 2 min 52 s	467 s = 7 min 47 s	860 s = 14 min 20 s
214 s = 3 min 34 s	539 s = 8 min 59 s	2^{10} s = 17 min 4 s

d) Bei größeren Zahlen rechnest du am besten schriftlich.

Zerlege 1577s in min und s.

1577 : 60 = 26 Rest 17
120
 377
 360
  17

1577 s = 26 min 17 s

Zerlege 2065 min in h und min.

2065 : 60 = 34 Rest 25
180
 265
 240
  25

2065 min = 34 h 25 min

69. a)

158 h
= 144 h + 14 h
= 6 d 14 h

b)

55 h = 2 d 7 h	178 h = 7 d 10 h
88 h = 3 d 16 h	382 h = 15 d 22 h
108 h = 4 d 12 h	700 h = 29 d 4 h

c)
- 1000 h = 41d 16h
- 10000 min = 6d 22h 40min

Rechnen mit Zeitspannen

70. a) Rechnung: $22\,\text{min} + 15\,\text{min} + 28\,\text{min} = 65\,\text{min}$

Antwort: Thomas braucht insgesamt 65 Minuten.

b) Rechnung: $300 \cdot 18\,\text{s} = 5400\,\text{s} = 90\,\text{min}$

Antwort: Er benötigt 90 Minuten.

c) Rechnung: $29\,\text{min}\ \ 10\,\text{s} : 25 = 1750\,\text{s} : 25 = 70\,\text{s}$

Antwort: Für eine Runde braucht er durchschnittlich 70 Sekunden.

d) Rechnung: $24\,\text{h} : 90\,\text{min} = 1440\,\text{min} : 90\,\text{min} = 16$

Antwort: Der Satellit macht 16 Umläufe pro Tag.

71. a) 51 min 35 s - 45 min 20 s = 6 min 15 s

b) 9 h 25 min - 2 h 40 min

= 8 h 85 min - 2 h 40 min

= 6 h 45 min

c) 3 h 50 min + 6 h 30 min

= 9 h 80 min

= 10 h 20 min

c)
- 12 min 57 s
- 3 h 12 min
- 20 h 42 min
- 11 min 30 s

72. a) Wurzel rechnet richtig: Sie verwandelt die Uhrzeiten in die entsprechenden Zeitspannen und rechnet mit diesen.

b) Peter überlegt, wie viele Minuten bis zur nächsten vollen Stunde fehlen, dann wie viele ganze Stunden in dem Zeitraum enthalten sind, dann die restlichen Minuten. Dann addiert er diese Zeitspannen.

c)

Von 6.18 Uhr bis 8.45 Uhr	8h 45min - 6h 18min = 2h 27min
Von 7.32 Uhr bis 12.51 Uhr	12h 51min - 7h 32min = 5h 19min
Von 9.23 Uhr bis 14.00 Uhr	14h - 9h 23min = 4h 37min
Von 13.53 Uhr bis 19.18 Uhr	19h 18min - 13h 53min = 5h 25min
Von 11.57 Uhr bis 22.42 Uhr	22h 42min - 11h 57min = 10h 45min

73. a) 20h 15min + 1h 56min = 21h 71min = 22h 11min

Ende der Vorstellung: 22.11 Uhr.

b) 13h 58min – 2h 36min = 11h 22min

Abfahrt: 11:22 Uhr.

c)
- 9.37 Uhr
- 12.18 Uhr
- 22.21 Uhr
- 7.23 Uhr
- 4.54 Uhr am nächsten Tag
- 17.42 Uhr am vorigen Tag

74. a) $8 \cdot 1\,\text{h}\,25\,\text{min} = 8 \cdot 85\,\text{min} = 680\,\text{min} = 11\,\text{h}\,20\,\text{min}$

b) $1\,\text{h} : 15 = 60\,\text{min} : 15 = 4\,\text{min}$

c) $5\,\text{min} : 3\,\text{s} = 2700\,\text{s} : 3\,\text{s} = 900$

d)
- 104 s
- 4 min
- 16
- 13
- 800 s
- 12 s
- 15
- 24 h

Zahl · Größe = Größe

Größe : Zahl = Größe

Bei gleicher Maßeinheit:

Größe : Größe = Anzahl

75. a) Rechnung: $5 \cdot 340\,\text{m} = 1700\,\text{m}$

Antwort: Das Gewitter ist 1700 m entfernt.

b) Rechnung: $150\,000\,000\,\text{km} : 300\,000\,\text{km} = 500$

Antwort: Das Licht braucht von der Sonne bis zur Erde $500\,\text{s} = 8\,\text{min}\,20\,\text{s}$.

c) Rechnung: 1. $90\,000\,\text{m} : 60 = 1500\,\text{m}$ (pro Minute)

2. $1500\,\text{m} : 60 = 25\,\text{m}$ (pro Sekunde)

Das Auto legt in einer Minute 1,5 km, in einer Sekunde 25 m zurück.

d) Rechnung: In 1s zurückgelegter Weg: $3920\,\text{m} : 112 = 35\,\text{m}$

In 1h zurückgelegter Weg: $3600 \cdot 35\,\text{m} = 126\,\text{km}$

Antwort: Die Durchschnittsgeschwindigkeit beträgt 126 $\frac{\text{km}}{\text{h}}$.

76. Rechnung: Mutter: 60 Sprünge + 60s
Kind: 180 Sprünge + 90s
Wartezeit: 30s.

Antwort: Die Mutter muss 30s auf ihr Kind warten..

Rechengesetze

3

Kommutativgesetze

1. Im Kopf addiert man die 23 zu den 9876, d. h. man rechnet 9876 + 23 = 9899.

a	b	a + b	b + a	Vergleich
8	17	8 + 17	17 + 8	8 + 17 = 17 + 8
15	6	15 + 6	6 + 15	15 + 6 = 6 + 15
13	19	13 + 19	19 + 13	13 + 19 = 19 + 13
7	0	7 + 0	0 + 7	7 + 0 = 0 + 7

Kommutativgesetz der Addition

- In Worten:

  In Summen dürfen wir die Summanden vertauschen.

- Als Formel:

  Für alle $a, b \in \mathbb{N}$ gilt: $a + b = b + a$.

2. Silvester wendet das Kommutativgesetz an und rechnet dann aus.

8 + 4755 = 4755 + 8 = 4763

14 + 693 = 693 + 14 = 707

35 + 1854 = 1854 + 35 = 1889

143 + 3857 = 3857 + 143 = 4000

3.

+	7464	13536	26464
7464	14928	21000	33928
13536	21000	27072	40000
26464	33928	40000	52928

4.

a	b	$a \cdot b$	$b \cdot a$	Vergleich
3	7	$3 \cdot 7$	$7 \cdot 3$	$3 \cdot 7 = 7 \cdot 3$
19	5	$19 \cdot 5$	$5 \cdot 19$	$19 \cdot 5 = 5 \cdot 19$
1	6	$1 \cdot 6$	$6 \cdot 1$	$1 \cdot 6 = 6 \cdot 1$
8	0	$8 \cdot 0$	$0 \cdot 8$	$8 \cdot 0 = 0 \cdot 8$

Kommutativgesetz der Multiplikation

- In Worten:

  In Produkten dürfen wir die Faktoren vertauschen.

- Als Formel:

  Für alle $a, b \in \mathbb{N}$ gilt: $a \cdot b = b \cdot a$.

5.

a) $57 \cdot 2 = 2 \cdot 57 = 114$

b) $18 \cdot 9 = 9 \cdot 18 = 162$

c) $72 \cdot 5 = 5 \cdot 72 = 360$

d) $125 \cdot 8 = 8 \cdot 125 = 1000$

6.

•	21	22	23	24
21	441	462	483	504
22	462	484	506	528
23	483	506	529	552
24	504	528	552	576

7.

- Subtraktion:

  $7 - 3 = 4$

  $3 - 7$ nicht berechenbar

  Also nicht kommutativ.

- Division:

  $6 : 2 = 3$

  $2 : 6$ nicht berechenbar

  Also nicht kommutativ.

8. Nein. Gegenbeispiel: $32 = 2^5 \neq 5^2 = 25$.

Mehrgliedrige Summen und Differenzen

9. a)

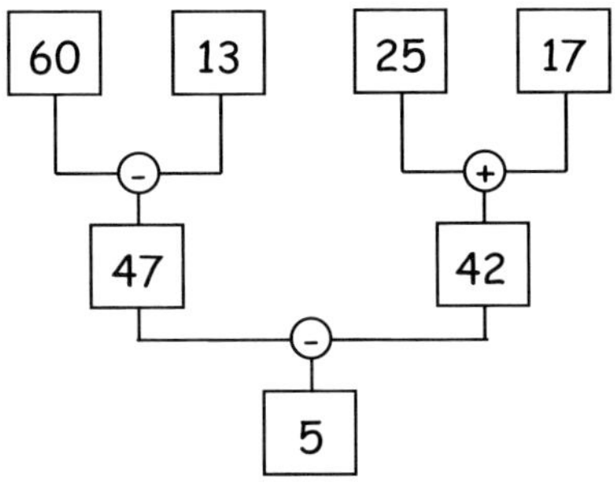

b)

$(60 - 13) - (25 + 17)$

$= 47 - 42$

$= 5$

10. a)

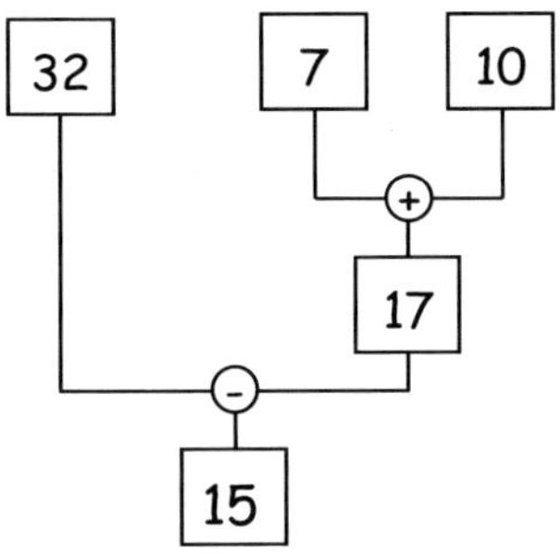

$32 - (7 + 10) = 32 - 17 = 15$

b)

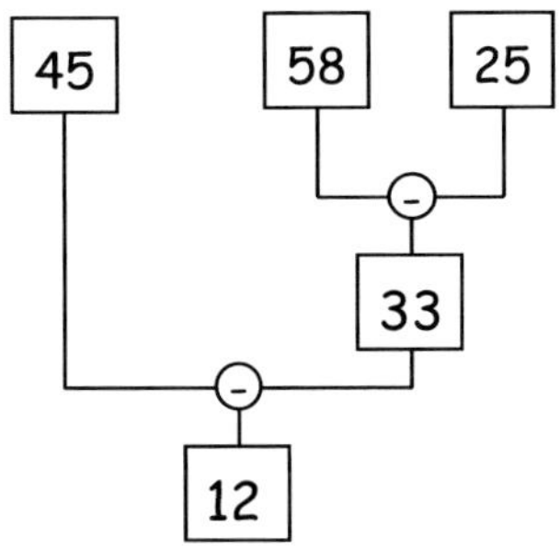

$45 - (58 - 25) = 45 - 33 = 12$

c)

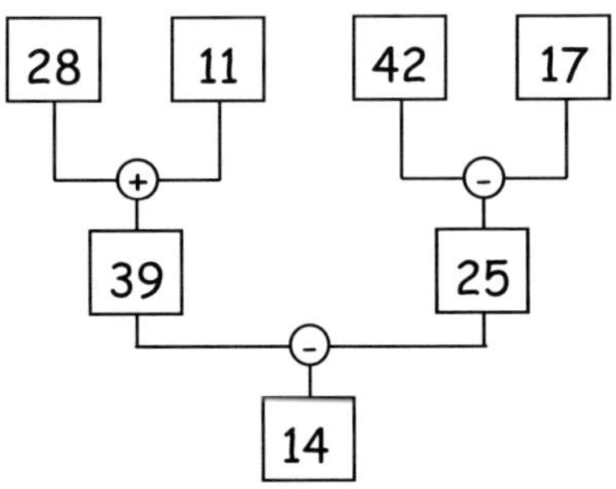

$(28 + 11) - (42 - 17) = 39 - 25 = 14$

d)

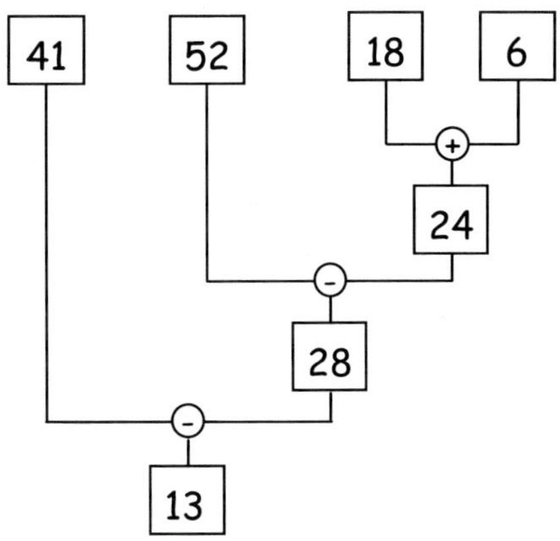

$41 - [52 - (18 + 6)] = 41 - [52 - 24]$

$= 41 - 28$

$= 13$

11. a) Es wurden zuerst die Klammern berechnet, dann schrittweise von links nach rechts.

b)
- Klammern zuerst berechnen.
- Wenn keine Klammern vorhanden sind: Schrittweise von links nach rechts.

12. a) 136 b) 30 c) 18 d) 62 e) 84 f) 55 g) 61 h) 59 i) 9

13. a) 11 b) 51 c) 65 d) 0 e) 26 f) 27 g) 32 h) 44

14.

a) 58 b) 110 c) 52 d) 11 e) 48 f) 9

15. a)

(95 - 32) - (22 + 14)
= 63 - 36
= 27

b)
① $37+(24+18)=79$
② $89-(36+27)=26$
③ $(64+231)-289=6$
④ $78-(57-23)=44$
⑤ $(24+13)+(38-17)=58$
⑥ $(64+23)-(75-28)=40$
⑦ $(53-27)-(78-62)=10$
⑧ $30+(88-66)+(95-64)=83$

c) Beide Rechenausdrücke sind korrekt. Die Klammer ist nicht notwendig, da die Reihenfolge der Rechenschritte mit und ohne Klammer dieselbe ist.

16. a) $42 + (83 - 68) = 42 + 15 = 57$

Addiere zu 42 die Differenz der Zahlen 83 und 68.

b) $(95 - 24) - (33 + 27) = 71 - 60 = 11$

Subtrahiere von der Differenz der Zahlen 95 und 24 die Summe der Zahlen 33 und 27.

c) Subtrahiere von 71 die Summe der Zahlen 29 und 32: $71-(29+32)=10$.

d) Subtrahiere die Zahl 46 von der Differenz der Zahlen 91 und 37: $(91-37)-46=8$.

e) Addiere zur Differenz von 52 und 37 die Summe von 19 und 24:
$(52-37)+(19+24)=58$.

f) Subtrahiere die Summe von 51 und 23 von der Summe von 45 und 38:
$(45+38)-(51+23)=9$.

g) Addiere zur Differenz der Zahlen 82 und 79 die Differenz der Zahlen 71 und 67:
$(82-79)+(71-67)=7$.

h) Subtrahiere von 108 die Summe von 15 und 18 und vom Ergebnis die Differenz der Zahlen 77 und 58: $108-(15+18)-(77-58)=56$.

Zusatzfrage: Die größte Zahl ist e), die kleinste ist g).

17. a) $(73-37)+(52-25)=63$

b) $(125-45)-(45+27)=8$

c) $(76+28)-(143-39)=0$

d) größtmögliche Zahl: 532 ; kleinstmögliche Zahl: 235
Differenz der beiden Zahlen: $532-235=297$
$352-297=55$; die Differenz der beiden Zahlen ist um 55 kleiner als die gegebene Zahl.

18. $476+28-73=431$ Mitglieder

19. angespartes Geld: 247€ + 55€ + 30€ = 332€
DVD und Smartphone kosten zusammen 338€ + 15€ = 353€.
Es fehlen noch 353€ – 332€ = 21€.

20. Um 12 Uhr sind $25+1579-428=1176$ Plätze belegt, also noch $1325-1176=149$ Plätze frei.

Klammerregeln

21.

Terme mit Klammern	Terme ohne Klammer
27 + (11 + 7) = 27 + 18 = 45	27 + 11 + 7 = 38 + 7 = 45
27 + (11 - 7) = 27 + 4 = 31	27 + 11 - 7 = 38 - 7 = 31
27 - (11 + 7) = 27 - 18 = 9	27 - 11 + 7 = 16 + 7 = 23
27 - (11 - 7) = 27 - 4 = 23	27 - 11 - 7 = 16 - 7 = 9

22. a)

a	b	c	a+(b+c)	a+b+c
3	9	4	3 + (9 + 4) = 3 + 13 = 16	3 + 9 + 4 = 12 + 4 = 16
7	5	8	7 + (5 + 8) = 7 + 13 = 20	7 + 5 + 8 = 12 + 8 = 20
9	4	1	9 + (4 + 1) = 9 + 5 = 14	9 + 4 + 1 = 13 + 1 = 14
6	0	2	6 + (0 + 2) = 6 + 2 = 8	6 + 0 + 2 = 6 + 2 = 8

Ergebnis: a+(b+c) = a+b+c.

b)

a	b	c	a+(b-c)	a+b-c
3	9	4	3 + (9 - 4) = 3 + 5 = 8	3 + 9 - 4 = 12 - 4 = 8
7	8	5	7 + (8 - 5) = 7 + 3 = 10	7 + 8 - 5 = 15 - 5 = 10
9	4	1	9 + (4 - 1) = 9 + 3 = 12	9 + 4 - 1 = 13 - 1 = 12
6	3	3	6 + (3 - 3) = 6 + 0 = 6	6 + 3 - 3 = 9 - 3 = 6

Ergebnis: a+(b-c) = a+b-c.

c)

Plusklammerregel

Wenn vor einer Klammer ein Plus steht, können wir die Klammer auch weglassen.

23. a) Silvester rechnet zunächst die Klammer aus, während Wurzel die Plusklammerregel anwendet und dann schrittweise von links nach rechts rechnet.

b)

235 + (65 + 128)	52 + (128 - 95)	29 + (171 - 84) - 109
= 235 + 65 + 128	= 52 + 128 - 95	= 29 + 171 - 84 - 109
= 300 + 128	= 180 - 95	= 200 - 84 - 109
= 428	= 85	= 116 - 109 = 7

24. a) Silvester rechnet schrittweise von links nach rechts, während Wurzel eine Plusklammer setzt (Sie wendet die Plusklammerregel „rückwärts" an) und dann nach Vorschrift der Klammern weiter rechnet.

b)

$$\begin{aligned} & 75 + 57 + 43 \\ =\ & 75 + (57 + 43) \\ =\ & 75 + 100 \\ =\ & 175 \end{aligned}$$

$$\begin{aligned} & 156 + 128 - 28 \\ =\ & 156 + (128 - 28) \\ =\ & 156 + 100 \\ =\ & 256 \end{aligned}$$

$$\begin{aligned} & 86 + 152 - 147 \\ =\ & 86 + (152 - 147) \\ =\ & 86 + 5 \\ =\ & 91 \end{aligned}$$

c)

$$\begin{aligned} & 132 + 68 + 187 - 77 \\ =\ & (132 + 68) + (187 - 77) \\ =\ & 200 + 110 \\ =\ & 310 \end{aligned}$$

$$\begin{aligned} & 76 + 59 - 45 + 63 + 37 \\ =\ & 76 + (59 - 45) + (63 + 37) \\ =\ & 76 + 14 + 100 \\ =\ & 190 \end{aligned}$$

d)

- $$\begin{aligned} & 111111 - 11111 + 1111 - 111 + 11 - 1 \\ =\ & (111111 - 11111) + (1111 - 111) + (11 - 1) \\ =\ & 100000 + 1000 + 10 \\ =\ & 101010 \end{aligned}$$

- $$\begin{aligned} & 2 - 1 + 4 - 3 + 6 - 5 + \ldots + 100 - 99 \\ =\ & (2-1) + (4-3) + (6-5) + \ldots + (100-99) \\ =\ & \underbrace{1 + 1 + 1 + \ldots + 1}_{\text{50 Summanden}} \\ =\ & 50 \end{aligned}$$

25. a)

- $20 - (8 + 7) = 20 - 15 = 5$
- $20 - 8 + 7 = 12 + 7 = 19$

b)

$20 - 8 - 7 = 12 - 7 = 5$

Also: $20 - (8 + 7) = 20 - 8 - 7$

c)

a	b	c	a - (b + c)	a - b - c
16	4	5	16 - (4 + 5) = 16 - 9 = 7	16 - 4 - 5 = 12 - 5 = 7
25	10	3	25 - (10 + 3) = 25 - 13 = 12	25 - 10 - 3 = 15 - 3 = 12
13	5	8	13 - (5 + 8) = 13 - 13 = 0	13 - 5 - 8 = 8 - 8 = 0

d) a − (b − c) = a − b + c

a	b	c	a-(b-c)	a-b+c
16	5	4	16 - (5 - 4) = 16 - 1 = 15	16 - 5 + 4 = 11 + 4 = 15
25	10	3	25 - (10 - 3) = 25 - 7 = 18	25 - 10 + 3 = 15 + 3 = 18
13	8	5	13 - (8 - 5) = 13 - 3 = 10	13 - 8 + 5 = 5 + 5 = 10

e) Minusklammerregel

Wenn vor einer Klammer ein Minus steht, können wir die Klammer nur dann weglassen, wenn wir in der Klammer die Rechenzeichen ändern (aus + wird - bzw. aus - wird +).

26. a) 176 - (76 + 53)
= 176 - 76 - 53
= 100 - 53
= 47

b) 176 - (76 - 53)
= 176 - 76 + 53
= 100 + 53
= 153

c) 243 - (142 + 71 + 25)
= 243 - 142 - 71 - 25
= 101 - 71 - 25
= 30 - 25 = 5

d) 123
e) 89
f) 268
g) 80
h) 53
i) 91

27. a) Ja. Es wurde die Minusklammerregel „rückwärts“ angewandt.

b) Statt mehrere Zahlen zu subtrahieren können wir auch ihre Summe subtrahieren.

c) 83 - 29 - 31
= 83 - (29 + 31)
= 83 - 60
= 23

112 - 96 - 13
= 112 - (96 + 13)
= 112 - 109
= 3

409 - 113 - 87 - 198
= 409 - (113 + 87 + 198)
= 409 - 398
= 11

28. a) $10€-(3€+5€) = 10€-8€ = 2€$

b) $10€-3€-5€ = 7€-5€ = 2€$

Umstellungsregel

29. Alle Rechnungen ergeben 383 €.

30. a)

①	②	③
157 + 75 + 43	183 + 54 - 83	232 - 147 + 68
= 232 + 43	= 237 - 83	= 85 + 68
= 275	= 154	= 153
157 + 43 + 75	183 - 83 + 54	232 + 68 - 147
= 200 + 75	= 100 + 54	= 300 - 147
= 275	= 154	= 153

Die zweiten Rechnungen sind einfacher.

b) Rechenvorteile können sich durch das Umstellen von Gliedern ergeben.

> In Summen und Differenzen dürfen wir Glieder unter Mitnahme ihres Rechenzeichens umstellen.

c) Nein, Silvester vergisst, die Rechenzeichen mitzunehmen.

$$\begin{aligned} & 75-39+25 \\ =\ & 75+25-39 \\ =\ & 100-39 \\ =\ & 61 \end{aligned}$$

d) Man darf auch das erste Glied vertauschen.

115 - 69 + 89	89 - 69 + 115
= 46 + 89	= 20 + 115
= 135	= 135

31.

a) $33 + 59 + 37$
$= 33 + 37 + 59$
$= 70 + 59$
$= 129$

b) $76 + 47 - 76$
$= 76 - 76 + 47$
$= 0 + 47$
$= 47$

c) $165 - 78 + 35$
$= 165 + 35 - 78$
$= 200 - 78$
$= 122$

d) $107 - 39 - 57$
$= 107 - 57 - 39$
$= 50 - 39$
$= 11$

e) $264 + 153 - 261$
$= 264 - 261 + 153$
$= 3 + 153$
$= 156$

f) $337 + 175 + 25$
$= 175 + 25 + 337$
$= 200 + 337$
$= 537$

g) $452 - 277 + 285$
$= 285 - 277 + 452$
$= 8 + 452$
$= 460$

h) $319 + 157 - 308 + 89$
$= 319 - 308 + 157 + 89$
$= 11 + 157 + 89$
$= 11 + 89 + 157$
$= 100 + 157$
$= 257$

32. a)

Voraussetzung: $a, b, c \in \mathbb{N}$ und $b \geq c$.

Behauptung: $b - c + a = a + b - c$

Beweis: $b - c + a = (b - c) + a$ (Klammer am Anfang eines Rechenausdrucks)
$= a + (b - c)$ (Kommutativgesetz der Addition)
$= a + b - c$ (Plusklammerregel)

b)
- $c + b + a = c + (b + a)$ (Plusklammer setzen)
  $= (b + a) + c$ (Kommutativgesetz der Addition)
  $= (a + b) + c$ (Kommutativgesetz der Addition)
  $= a + b + c$ (Klammer am Anfang ohne Belang)
- $c + a - b = c + (a - b)$ (Plusklammer setzen)
  $= (a - b) + c$ (Kommutativgesetz der Addition)
  $= a - b + c$ (Klammer am Anfang ohne Belang)
- $a - c - b = a - (c + b)$ (Minusklammer setzen)
  $= a - (b + c)$ (Kommutativgesetz der Addition)
  $= a - b - c$ (Minusklammerregel)

Rechenübungen

33. a)

163 − 77 + 217 − 158
= 163 − 158 + 217 − 77 (Vertauschungsregel)
= (163 − 158) + (217 − 77) (Plusklammern setzen)
= 5 + 140 (Klammern berechnen)
= 145

b) ① 220 ③ 4 ⑤ 21
② 22 ④ 110 ⑥ 100

34. a) 330 d) 101 g) 82
b) 150 e) 154 h) 1
c) 210 f) 5 i) 130

35.

Tipp:
Vertausche und rechne
94 − 54.

73 − 54 + 27 + 94
= 100 + 40
= 140

a) 146 d) 110 g) 91
b) 319 e) 120 h) 221
c) 245 f) 7 i) 250

36.

a) 235 − (119 + 35)
= 235 − 119 − 35
= 200 − 119
= 81

b) 39 + (74 − 38)
= 39 + 74 − 38
= 1 + 74
= 75

c) (253 + 139) − (249 + 137)
= 253 + 139 − 249 − 137
= 4 + 2
= 6

d) 169 g) 200 j) 151
e) 63 h) 122 k) 888
f) 83 i) 74 l) 14

37.

a) $38 - 22 - 15$
$= 38 - (22 + 15)$
$= 38 - 37$
$= 1$

b) $988 - 374 - 126$
$= 988 - (374 + 126)$
$= 988 - 500$
$= 488$

c) $111 - 35 - 37 - 39$
$= 111 - (35 + 37 + 39)$
$= 111 - 111$
$= 0$

d) 3
e) 19
f) 210
g) 7
h) 171
i) 31

38.

a) $57 - 38 + 33 - 22$
$= (57 + 33) - (38 + 22)$
$= 90 - 60$
$= 30$

b) $94 + 26 - 47 - 53$
$= (94 + 26) - (47 + 53)$
$= 120 - 100$
$= 20$

c) $112 - 71 - 32 + 43$
$= (112 + 43) - (71 + 32)$
$= 155 - 103$
$= 52$

d) 14
e) 55
f) 21
g) 1

39. a) Wurzel fasst folgendermaßen zusammen:

$$\begin{aligned} & 14+15+16+17+18+19+20+21 \\ = & (14+21)+(15+20)+(16+19)+(17+18) \\ = & 35+35+35+35 \\ = & 4 \cdot 35 \\ = & 140 \end{aligned}$$

b)
- $11 + 12 + 13 + 14 + 15 + 16 + 17 + 18 + 19 + 20$
  $= 31 + 31 + 31 + 31 + 31 + 31 = 5 \cdot 31 = 155$
- $44 + 45 + 46 + 47 + 48 + 49 + 50 + 51 + 52 + 53 + 54 + 55 + 56$
  $= 100 + 100 + 100 + 100 + 100 + 100 + 50 = 650$

c)
- $1 + 2 + 3 + 4 + \ldots + 97 + 98 + 99 + 100$
  $= \underbrace{101 + 101 + 101 + \ldots + 101}_{\text{50 Summanden}} = 50 \cdot 101 = 5050$

40. a) 173
b) 143
c) 390
d) 30
e) 540
f) 312
g) 710
h) 327
i) 102
j) 23
k) 361
l) 639

41. $(1+3+5+\ldots+1999) - (0+2+4+\ldots+1998)$

$= (1-0)+(3-2)+(5-4)+\ldots+(1999-1998)$

$= 1000 \cdot 1$

$= 1000$

Schriftliches Subtrahieren

42. a) Silvester subtrahiert die beiden Zahlen schrittweise in zwei getrennten Rechnungen, während Wurzel sie in einem Schritt subtrahiert.

b) Wurzel benutzt die Regel „Statt mehrere Zahlen zu subtrahieren kannst du auch ihre Summe subtrahieren.“, d. h. $a-b-c = a-(b+c)$.

43. a)
```
  4578
- 2034
- 1323
------
  1221
```
b)
```
  87780
- 30132
-  4342
     1
-------
  53306
```
c)
```
  8700
- 5532
-  136
   11
------
  3032
```
d)
```
  16671
-  1925
-  5819
   2 2
-------
   8927
```
e)
```
  46876
- 13641
-  8252
-  7512
  211
-------
  17471
```
f)
```
  879667
- 201311
- 143152
-  23102
--------
  512102
```
g)
```
  114092
-   1978
-    468
-  86759
  11323
--------
   24887
```
h)
```
  2311407
-  897785
-   86696
-  709856
  223231
---------
   617070
```

44. a) 3742
b) 8548
c) 30204
d) 11011
e) 27996
f) 26069

45. a)
```
  9576
- 3621
- 3253
------
  2702
```
b)
```
  7429
- 4282
- 1394
  1 2
------
  1753
```
c)
```
  9042
- 2778
- 3885
  222
------
  2379
```

Terme

46. a) $(97 + 25) - (97 + 12) = 97 + 25 - 97 - 12 = 0 + 13 = 13$

b)
- $(115 + 25) - (115 + 12) = 115 + 25 - 115 - 12 = 0 + 13 = 13$
- $(298 + 25) - (298 + 12) = 298 + 25 - 298 - 12 = 0 + 13 = 13$

Das Ergebnis scheint immer 13 zu sein.

c) $(x + 25) - (x + 12) = x + 25 - x - 12$

$= 0 + 13 = 13$

$x - x = 0$

d) Wurzel kann keine Gedanken lesen, sie weiß, dass stets 13 rauskommt – egal, welche Zahl der andere wählt.

47. a)

59 statt x:	162 statt x:	857 statt x:	1024 statt x:
$59 + 1 + 59$	$162 + 1 + 162$	$857 + 1 + 857$	$1024 + 1 + 1024$
$= 2 \cdot 59 + 1$	$= 2 \cdot 162 + 1$	$= 2 \cdot 857 + 1$	$= 2 \cdot 1024 + 1$
$= 118 + 1$	$= 324 + 1$	$= 1714 + 1$	$= 2048 + 1$
$= 119$	$= 325$	$= 1715$	$= 2049$

b) $x + 1 + x$

$= x + x + 1$

$= 2 \cdot x + 1$

$x + x = 2 \cdot x = 2x$

48.

a) $x + x = 2x$	h) $9 + x - 4 + x = 5 + 2x$
b) $y + y + y = 3y$	i) $p + 8 - p - 5 = 3$
c) $z + z + z + z + z = 5z$	j) $10 + r - 4 - r = 6$
d) $x + 4 - x = 4$	k) $n + 7 + n - 7 + n = 3n$
e) $u - 1 + u = 2u - 1$	l) $8 + x - 3 + x - 2 = 2x + 3$
f) $a + 9 + a - 8 = 2a + 1$	m) $k + 3 + k + 1 - k - 2 = k + 2$
g) $c + 3 - c + 7 = 10$	n) $u - 1 + u + 6 = 2u + 5$

49.

a) $x - (8 - x)$

$= x - 8 + x$

$= 2x + 8$

b) $(1 + y) + (5 - y)$

$= 1 + y + 5 - y$

$= 6$

c) $2x+1$

d) y

e) $2z-1$

f) $5-u$

g) 2

h) $2r$

i) 10

j) $2b+3$

k) 2

l) $2a+2$

m) 6

n) $3n-7$

50. a) Silvester muss einen Grundpreis von 500 c zahlen und zusätzlich den Preis für die Gespräche: Dieser ergibt sich, indem er die 9c mit der Anzahl x der Gesprächsminuten multipliziert.

b) R.: $500 + 45 \cdot 9$

$= 500 + 405$

$= 905$

A.: Sebastian muss 905 c = 9,05 € bezahlen.

51. a)
- x gibt an, wie viele Getränke sie sich gönnt, y entsprechend die Anzahl der Snacks.
- Natascha kann mit diesem Term ausrechnen, wie viel sie der Kinobesuch insgesamt kostet.

b)
$$2{,}40\text{ €} + 5\text{ €} + x \cdot 1{,}50\text{ €} + y \cdot 0{,}80\text{ €} = 10\text{ €}$$
$$7{,}40\text{ €} + x \cdot 1{,}50\text{ €} + y \cdot 0{,}80\text{ €} = 10\text{ €} \quad |-7{,}40\text{ €}$$
$$x \cdot 1{,}50\text{ €} + y \cdot 0{,}80\text{ €} = 2{,}60\text{ €}$$

Daraus erkennt man folgende Möglichkeiten:

Anzahl Getränke	Anzahl Snacks	Gesamtausgaben
0	0	7,40 €
1	0	8,90 €
1	1	9,70 €
0	1	8,20 €
0	2	9,00 €
0	3	9,80 €

52. a) $D = \{7, 8, 9, ...\}$

b)
- $100 - a$

  $D = \{0, ..., 100\}$
- $20 - (x + 5)$

  $D = \{0, ..., 15\}$
- $3y - 12$

  $D = \{4, ...\}$

c) $D = \{2, 3, ..., 9\}$

53. a)

a sei der Minuend, b der Subtrahend.

$(a + 35) - (b + 16) = a + 35 - b - 16$

$= \underbrace{a - b}_{\text{Differenz}} + 19$

Antwort: Die Differenz wächst um 19.

b) Die Differenz wächst um 51. Der Subtrahend muss größer oder gleich 16 sein.

c) Man muss den Subtrahenden um 12 verkleinern: $(a-12)-(b-12)=a-b$.

Mehrgliedrige Produkte

54.

a) $5 \cdot 16 \cdot 7$
$= 80 \cdot 7$
$= 560$

b) $17 \cdot (4 \cdot 25)$
$= 17 \cdot 100$
$= 1700$

c) $5 \cdot [3 \cdot (2 \cdot 6)]$
$= 5 \cdot [3 \cdot 12]$
$= 5 \cdot 36$
$= 180$

d) 777
e) 420
f) 2040
g) 0
h) 990
i) 2700

55.

Multipliziere 19 mit dem Produkt von 5 und 6.	$19 \cdot (5 \cdot 6) = 19 \cdot 30 = 570$
Multipliziere das Produkt aus 17 und 5 mit 11.	$(17 \cdot 5) \cdot 11 = 85 \cdot 11 = 935$
Multipliziere das Produkt aus 14 und 5 mit dem Produkt aus 3 und 4.	$(14 \cdot 5) \cdot (3 \cdot 4) = 70 \cdot 12 = 840$
Verdreifache das Produkt aus 8 und 13.	$3 \cdot (8 \cdot 13) = 3 \cdot 104 = 312$

56. a) $(6 \cdot 5) \cdot 10 = 30 \cdot 10 = 300$ b) $3 \cdot 4 \cdot 2 = 24$

57. $240 \cdot 3 \cdot 5 = 720 \cdot 5 = 3600$

58. a)

$11\cdot(13\cdot 7)$
$= 11\cdot 91$
$= 1001$

$(11\cdot 13)\cdot 7$
$= 143\cdot 7$
$= 1001$

$11\cdot 13\cdot 7$
$= 143\cdot 7$
$= 1001$

b)

a	b	c	$(a\cdot b)\cdot c$	$a\cdot(b\cdot c)$
4	8	5	$(4\cdot 8)\cdot 5 = 32\cdot 5 = 160$	$4\cdot(8\cdot 5) = 4\cdot 40 = 160$
3	7	10	$(3\cdot 7)\cdot 10 = 21\cdot 10 = 210$	$3\cdot(7\cdot 10) = 3\cdot 70 = 210$
0	8	6	$(0\cdot 8)\cdot 6 = 0\cdot 6 = 0$	$0\cdot(8\cdot 6) = 0\cdot 48 = 0$
9	9	2	$(9\cdot 9)\cdot 2 = 81\cdot 2 = 162$	$9\cdot(9\cdot 2) = 9\cdot 18 = 162$

c) $a+(b+c) \underset{\uparrow}{=} a+b+c = (a+b)+c.$

Plusklammerregel

d)

Assoziativgesetze

- Für alle a, b, c $\in \mathbb{N}$ gilt: $a + (b + c) = (a + b) + c = a + b + c$.
- Für alle a, b, c $\in \mathbb{N}$ gilt: $a\cdot(b\cdot c) = (a\cdot b)\cdot c = a\cdot b\cdot c$.

e)

- Subtraktion:

$10 - (5 - 3) = 10 - 2 = 8$

$(10 - 5) - 3 = 5 - 3 = 2$

Also nicht assoziativ.

- Division:

$36 : (6 : 3) = 36 : 2 = 18$

$(36 : 6) : 3 = 6 : 3 = 2$

Also nicht assoziativ.

59.

a) $37\cdot 8\cdot 125$
$= 37\cdot(8\cdot 125)$
$= 37\cdot 1000$
$= 37000$

b) $25\cdot 4\cdot 52$
$= (4\cdot 25)\cdot 52$
$= 100\cdot 52$
$= 5200$

c) $76\cdot 5\cdot 200$
$= 76\cdot(5\cdot 200)$
$= 76\cdot 1000$
$= 76000$

d) $9\cdot 16\cdot 5\cdot 20$
$= (9\cdot 16)\cdot(5\cdot 20)$
$= 144\cdot 100$
$= 14400$

e) $7\cdot 8\cdot 125\cdot 11$
$= 7\cdot(8\cdot 125)\cdot 11$
$= 7\cdot 1000\cdot 11$
$= 7000\cdot 11$
$= 77000$

f) $41\cdot 5\cdot 20\cdot 25\cdot 40$
$= 41\cdot(5\cdot 20)\cdot(25\cdot 40)$
$= 41\cdot 100\cdot 1000$
$= 4100\cdot 1000$
$= 4\,100\,000$

60. a)

① $5 \cdot 6 \cdot 7 = 30 \cdot 7 = 210$ ④ $6 \cdot 5 \cdot 7 = 30 \cdot 7 = 210$

② $5 \cdot 7 \cdot 6 = 35 \cdot 6 = 210$ ⑤ $7 \cdot 5 \cdot 6 = 35 \cdot 6 = 210$

③ $6 \cdot 7 \cdot 5 = 42 \cdot 5 = 210$ ⑥ $7 \cdot 6 \cdot 5 = 42 \cdot 5 = 210$

b)

Umstellungsregel:

In Produkten dürfen wir die Faktoren beliebig vertauschen.

c)

$50 \cdot 123 \cdot 2$	$4 \cdot 49 \cdot 25$	$83 \cdot 8 \cdot 125$
$= 50 \cdot 2 \cdot 123$	$= 4 \cdot 25 \cdot 49$	$= 83 \cdot 1000$
$= 100 \cdot 123$	$= 100 \cdot 49$	$= 83000$
$= 12300$	$= 4900$	

61. a)

Voraussetzung: $a, b, c \in \mathbb{N}$ und $b \geq c$.

Behauptung: $c \cdot b \cdot a = a \cdot b \cdot c$

Beweis: $c \cdot b \cdot a = (c \cdot b) \cdot a$ (Assoziativgesetz der Multiplikation)

$= a \cdot (c \cdot b)$ (Assoziativgesetz der Multiplikation)

$= a \cdot (b \cdot c)$ (Kommutativgesetz der Multiplikation)

$= a \cdot b \cdot c$ (Assoziativgesetz der Multiplikation)

b)

- $b \cdot a \cdot c = (b \cdot a) \cdot c$ (A)
  $= (a \cdot b) \cdot c$ (K)
  $= a \cdot b \cdot c$ (A)
- $c \cdot a \cdot b = (c \cdot a) \cdot b$ (A)
  $= c \cdot (a \cdot b)$ (A)
  $= (a \cdot b) \cdot c$ (K)
  $= a \cdot b \cdot c$ (A)
- $b \cdot c \cdot a = (b \cdot c) \cdot a$ (A)
  $= a \cdot (b \cdot c)$ (K)
  $= (a \cdot b) \cdot c$ (A)
  $= a \cdot b \cdot c$ (A)

62. a) Wurzel vertauscht Faktoren und setzt Klammern derart, dass die entstehenden Produkte leicht zu berechnen sind.

b)

$6 \cdot 25 \cdot 13 \cdot 4$
$= (6 \cdot 13) \cdot (25 \cdot 4)$
$= 78 \cdot 100$
$= 7800$

$17 \cdot 5 \cdot 20 \cdot 9$
$= (17 \cdot 9) \cdot (5 \cdot 20)$
$= 153 \cdot 100$
$= 15300$

$5 \cdot 6 \cdot 15 \cdot 16$
$= (5 \cdot 16) \cdot (6 \cdot 15)$
$= 80 \cdot 90$
$= 7200$

c)

$5 \cdot 13 \cdot 2 \cdot 7$
$= 91 \cdot 10$
$= 910$

$3 \cdot 125 \cdot 8 \cdot 14$
$= 42 \cdot 1000$
$= 42000$

$15 \cdot 18 \cdot 4 \cdot 5$
$= 60 \cdot 90$
$= 5400$

① 11900
② 21300
③ 133000
④ 4200
⑤ 21000
⑥ 264 000 000

63. a)

$190 \cdot 3000$
$= 19 \cdot 10 \cdot 3 \cdot 1000$
$= 57 \cdot 10000$
$= 570000$

$17000 \cdot 500$
$= 17 \cdot 1000 \cdot 5 \cdot 100$
$= 85 \cdot 100000$
$= 8500000$

$12000 \cdot 14000$
$= 12 \cdot 1000 \cdot 14 \cdot 1000$
$= 168 \cdot 1000000$
$= 168000000$

b) $7 \cdot 6 = 42$, dann 5 Nullen anhängen.

- $700 \cdot 6000 = 4200000$
- $9000 \cdot 50000 = 450000000$
- $170 \cdot 800 = 136000$
- $900 \cdot 1500 = 1350000$
- $70 \cdot 18000 = 1260000$
- $5000 \cdot 81 = 405000$
- $3700 \cdot 3000 = 11100000$
- $11000 \cdot 1300 = 14300000$
- $1600 \cdot 1600 = 2560000$
- $21000 \cdot 120000 = 2520000000$

64.

Abschätzung nach oben	Abschätzung nach unten
$786 \cdot 575 < 800 \cdot 600 = 480000$	$911 \cdot 419 > 900 \cdot 400 = 360000$
$197 \cdot 78 < 200 \cdot 80 = 16000$	$307 \cdot 62 > 300 \cdot 60 = 18000$
$487 \cdot 671 < 500 \cdot 700 = 35000$	$728 \cdot 417 > 700 \cdot 400 = 28000$
$1676 \cdot 89 < 1700 \cdot 90 = 153000$	$2532 \cdot 1209 > 2500 \cdot 1200 = 3000000$

65. a)

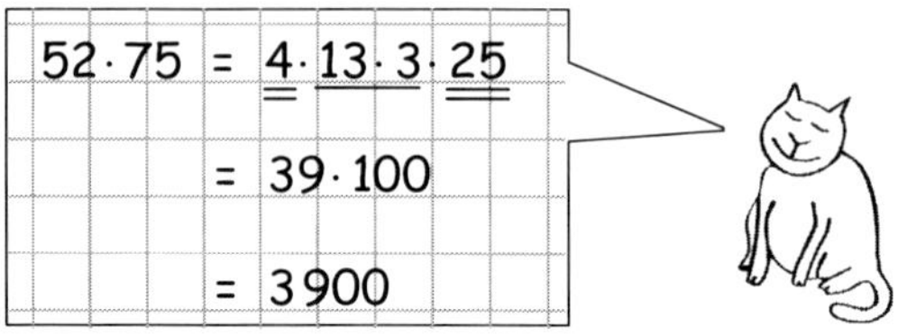

b) ① 2700 ③ 2890 ⑤ 2170
② 2070 ④ 4900 ⑥ 21 000

66. a) Das Produkt verfünfzehnfacht sich.
b) Das Produkt vervierfacht sich.
c) Das Produkt wird eine Billion Mal so groß.
d) Man erhält das Quadrat des Produktes.

67. a) 8
b) Das Produkt endet auf 2 Nullen, denn $10 \cdot 2 \cdot 5 = 100$.
c) 3 Nullen.
d) $1 \cdot 2 \cdot 3 \cdot 4 \cdot 5 \cdot 6 \cdot 7 \cdot 8 \cdot 9 \cdot 10 \cdot 11 \cdot 12 \cdot 13 \cdot 14 \cdot \underbrace{15}_{=3\cdot 5} \cdot 16 \cdot 17 \cdot 18 \cdot 19 \cdot 20 \cdot 21 \cdot 22 \cdot 23 \cdot 24 \cdot 25$

$$= (\underbrace{3 \cdot 6 \cdot 7 \cdot 8 \cdot 9 \cdot 11 \cdot 12 \cdot 13 \cdot 14 \cdot 3 \cdot 16 \cdot 17 \cdot 18 \cdot 19 \cdot 21 \cdot 22 \cdot 23 \cdot 24}_{\text{Endziffer 4}}) \cdot (\underbrace{2 \cdot 4 \cdot 5 \cdot 10 \cdot 5 \cdot 20 \cdot 25}_{=1000000,\text{ also 6 Endnullen}})$$

Punkt- und Strichrechnung

68. a) 5 d) 19
b) 204 e) 111
c) 11 f) 630

69. a) 136 d) 104 g) 20
b) 98 e) 1200 h) 0
c) 429 f) 59 i) 5

70. a) 72 c) 90 e) 2 g) 300
b) 2 d) 91 f) 8750 h) 25

71. a) 6 d) 12
b) 5 e) 77
c) 114 f) 2

72. a)

$5 + 9 \cdot 13 - 6 = 5 + 117 - 6 = 122 - 6 = 116$

$5 + 9 \cdot (13 - 6) = 5 + 9 \cdot 7 = 5 + 63 = 68$

$5 + (9 \cdot 13 - 6) = 5 + (117 - 6) = 5 + 111 = 116$

$(5 + 9) \cdot (13 - 6) = 14 \cdot 7 = 98$

$(5 + 9) \cdot 13 - 6 = 14 \cdot 13 - 6 = 182 - 6 = 176$

$(5 + 9 \cdot 13) - 6 = (5 + 117) - 6 = 122 - 6 = 116$

b) $60-7\cdot 3+5=60-21+5=44$

$(60-7)\cdot 3+5=53\cdot 3+5=159+5=164$

$(60-7)\cdot(3+5)=53\cdot 8=424$

$60-(7\cdot 3+5)=60-(21+5)=60-26=34$

$60-7\cdot(3+5)=60-7\cdot 8=4$

$(60-7\cdot 3)+5=(60-21)+5=39+5=44$

73. a) $8\cdot 3+17=24+17=41$.

b) $8+3\cdot 17=8+51=59$.

c) $8\cdot(3+17)=8\cdot 20=160$.

d) $(8+3)\cdot 17=11\cdot 17=187$.

e) $(27+35)-3\cdot 14=62-42=20$.

74. a) $88 - 8 \cdot (14 - 5) = 88 - 8 \cdot 9 = 88 - 72 = 16$

In Worten:

Subtrahiere von 88 das Achtfache der Differenz von 14 und 5.

b) 1 | d) 400 | f) 83

c) 108 | e) 18 | g) 6

75. a) 278 075 | c) 22 022 | e) 16 641

b) 10 264 | d) 155 | f) 5 382 713

76. a) $2 \cdot x + 7 = 13$; $x = 3$

c) $12p - 7 = 41$; $p = 4$

e) $9u + 1 = 100$; $u = 11$

b) $11 + 4z = 35$; $z = 6$

d) $61 - 3 \cdot k = 1$; $k = 20$

f) $5 \cdot x = 8 \cdot x$; $x = 0$

77. ---

Distributivgesetz

78. a)

$7 \cdot 23$
$= 7 \cdot (20 + 3)$
$= 7 \cdot 20 + 7 \cdot 3$
$= 140 + 21$
$= 161$

b)

$7 \cdot 23$
$= 7 \cdot (10 + 13)$
$= 7 \cdot 10 + 7 \cdot 13$
$= 70 + 91$
$= 161$

c)

$7 \cdot 23$	$7 \cdot 23$
$= 7 \cdot (15 + 8)$	$= 7 \cdot (11 + 12)$
$= 105 + 59$	$= 77 + 84$
$= 161$	$= 161$

Man erhält unabhängig von der gewählten Zerlegung das Ergebnis 161.

d)

$70 \cdot 12 = 70 \cdot (10 + 2) = 70 \cdot 10 + 70 \cdot 2 = 700 + 140 = 840$

$8 \cdot 36 = 8 \cdot (30 + 6) = 8 \cdot 30 + 8 \cdot 6 = 240 + 48 = 288$

$13 \cdot 51 = 13 \cdot (50 + 1) = 13 \cdot 50 + 13 \cdot 1 = 650 + 13 = 663$

e)

Distributivgesetz für Summen

Für alle $a, b, c \in \mathbb{N}$ gilt: $a \cdot (b + c) = a \cdot b + a \cdot c$.

Eine Zahl kann mit einer Summe multipliziert werden, indem man die Zahl mit jedem Summanden multipliziert und die Produkte addiert.

79.

a	b	c	$a \cdot (b - c)$	$a \cdot b - a \cdot c$
5	9	6	$5 \cdot (9 - 6) = 5 \cdot 3 = 15$	$5 \cdot 9 - 5 \cdot 6 = 45 - 30 = 15$
2	8	3	$2 \cdot (8 - 3) = 2 \cdot 5 = 10$	$2 \cdot 8 - 2 \cdot 3 = 16 - 6 = 10$
7	17	8	$7 \cdot (17 - 8) = 7 \cdot 9 = 63$	$7 \cdot 17 - 7 \cdot 8 = 119 - 56 = 63$
14	11	10	$14 \cdot (11 - 10) = 14 \cdot 1 = 14$	$14 \cdot 11 - 14 \cdot 10 = 154 - 140 = 14$
19	13	13	$19 \cdot (13 - 13) = 19 \cdot 0 = 0$	$19 \cdot 13 - 19 \cdot 13 = 247 - 247 = 0$

Distributivgesetz für Differenzen

Für alle $a, b, c \in \mathbb{N}$ mit $b \geq c$ gilt: $a \cdot (b - c) = a \cdot b - a \cdot c$.

80. a) $400\,\text{m} \cdot 12 + 400\,\text{m} \cdot 9 = 4800\,\text{m} + 3600\,\text{m} = 8400\,\text{m}$

$400\,\text{m} \cdot (12+9) \;=\; 400\,\text{m} \cdot 21 = 8400\,\text{m}$

b) $25 \cdot 50\,\text{c} + 25 \cdot 70\,\text{c} = 1250\,\text{c} + 1750\,\text{c} = 3000\,\text{c} = 30\,€$

$25 \cdot (50\,\text{c} + 70\,\text{c}) = 25 \cdot 120\,\text{c} = 3000\,\text{c} = 30\,€$

81.

a) $6 \cdot (5+12)$
$= 6 \cdot 5 + 6 \cdot 12$
$= 30 + 72$
$= 102$

c) $8 \cdot (16+11+7)$
$= 8 \cdot 16 + 8 \cdot 11 + 8 \cdot 7$
$= 128 + 88 + 56$
$= 272$

e) $(9+5) \cdot 17$
$= 9 \cdot 17 + 5 \cdot 17$
$= 153 + 85$
$= 238$

b) $23 \cdot (20-2)$
$= 23 \cdot 20 - 23 \cdot 2$
$= 460 - 46$
$= 414$

d) $16 \cdot (100-20+4)$
$= 16 \cdot 100 - 16 \cdot 20 + 16$
$= 1600 - 320 + 64$
$= 1344$

f) $(31-5) \cdot 7$
$= 31 \cdot 7 - 5 \cdot 7$
$= 217 - 35$
$= 182$

82. a) 918 c) 1278 e) 1131
b) 1104 d) 2912 f) 2214

83. a)

•	34	58	87	102
4	136	232	348	408
6	204	348	522	612
7	238	406	609	714
9	306	522	783	918

b)

•	3	5	8	11
42	126	210	336	462
63	189	315	504	693
77	231	385	616	847
96	288	480	768	1056

c)

•	35	41	68	86
12	420	492	816	1032
15	525	615	1020	1290
21	735	861	1428	1806
29	1015	1189	1972	2494

84. a) 400 d) 1700 g) 67
b) 666 e) 296 h) 15 288
c) 1898 f) 6586 i) 24 750

85.

Die Umformung
$a \cdot b \pm a \cdot c = a \cdot (b \pm c)$
heißt **Ausklammern**.

$23 \cdot 43 + 23 \cdot 57$
$= 23 \cdot (43 + 57)$
$= 23 \cdot 100$
$= 2300$

a) $17 \cdot 38 + 17 \cdot 22$
$= 17 \cdot (38 + 22)$
$= 17 \cdot 60$
$= 1020$

b) $81 \cdot 76 - 81 \cdot 26$
$= 81 \cdot (76 - 26)$
$= 81 \cdot 50$
$= 4050$

c) $16 \cdot 87 - 47 \cdot 16$
$= 16 \cdot (87 - 47)$
$= 16 \cdot 40$
$= 640$

d) 210
e) 300
f) 600
g) 480
h) 350
i) 870
j) 860
k) 720
l) 2280

86. a)

$73^2 - 73 \cdot 63$
$= 73 \cdot 73 - 73 \cdot 63$
$= 73 \cdot (73 - 63)$
$= 73 \cdot 10 = 730$

$49 \cdot 31 + 49^2$
$= 49 \cdot 31 + 49 \cdot 49$
$= 49 \cdot (31 + 49)$
$= 49 \cdot 80 = 3920$

$59 \cdot 56 - 56^2$
$= 59 \cdot 56 - 56 \cdot 56$
$= 56 \cdot (59 - 56)$
$= 56 \cdot 3 = 168$

b)

$68 \cdot 49 + 68$
$= 68 \cdot 49 + 68 \cdot 1$
$= 68 \cdot (49 + 1)$
$= 68 \cdot 50 = 3400$

$17 + 79 \cdot 17$
$= 1 \cdot 17 + 79 \cdot 17$
$= 17 \cdot (1 + 79)$
$= 17 \cdot 80 = 1360$

$26 \cdot 16 - 16$
$= 26 \cdot 16 - 16 \cdot 1$
$= 16 \cdot (26 - 1)$
$= 16 \cdot 25 = 400$

c)

$31^2 - 31$
$= 31 \cdot 31 - 31 \cdot 1$
$= 31 \cdot (31 - 1)$
$= 31 \cdot 30 = 930$

$49^2 + 49$
$= 49 \cdot 49 + 49 \cdot 1$
$= 49 \cdot (49 + 1)$
$= 49 \cdot 50 = 2450$

$99 + 99^2$
$= 99 \cdot 1 + 99 \cdot 99$
$= 99 \cdot (1 + 99)$
$= 99 \cdot 100 = 9900$

87.

a) $3 \cdot 43 + 21$
$= 3 \cdot 43 + 3 \cdot 7$
$= 3 \cdot (43 + 7)$
$= 3 \cdot 50 = 150$

b) $8 \cdot 107 - 56$
$= 8 \cdot 107 - 8 \cdot 7$
$= 8 \cdot (107 - 7)$
$= 8 \cdot 100 = 800$

c) $27 \cdot 12 - 84$
$= 27 \cdot 12 - 7 \cdot 12$
$= 12 \cdot (27 - 7)$
$= 12 \cdot 20 = 240$

d) 210 f) 480 h) 3450 j) 360
e) 360 g) 720 i) 850 k) 910

88. a) 340 d) 720 g) 1500
b) 4700 e) 900 h) 2400
c) 4200 f) 30800 i) 3750

Termumformungen

89. a)

- $3 \cdot \underline{4} + 5 \cdot \underline{4} = (3+5) \cdot \underline{4} = 8 \cdot \underline{4}$
- $3 \cdot \underline{7} + 5 \cdot \underline{7} = (3+5) \cdot \underline{7} = 8 \cdot \underline{7}$
- $3 \cdot \underline{11} + 5 \cdot \underline{11} = (3+5) \cdot \underline{11} = 8 \cdot \underline{11}$

Die Variable x steht für 4, 7, 11 oder irgend eine andere Zahl:

- $3 \cdot x + 5 \cdot x = (3+5) \cdot \underline{x} = 8 \cdot \underline{x}$

b)

- $6a + 9a = (6+9) \cdot a = 15a$
- $2x + 3x + 7x = (2 + 3 + 7) \cdot x = 12x$
- $11b - 7b = (11 - 7) \cdot b = 4b$
- $7y + y - 5y = (7 + 1 - 5) \cdot y = 3y$
- $c + 4c = (1 + 4) \cdot c = 5c$
- $10u - 5u - 3u = (10 - 5 - 3) \cdot u = 2u$
- $6d - 5d = (6 - 5) \cdot d = 1 \cdot d = d$
- $5z - z + 11z = (5 - 1 + 11) \cdot z = 15z$

90. $12x - 9x + x = 4x$

a) $6a + 4a = 10a$	e) $53x - 41x = 12x$	i) $p + 10p + 100p = 111p$
b) $2r + r = 3r$	f) $49y + y = 50y$	j) $14q - 13q + 7q = 8q$
c) $9b - 8b = b$	g) $6z + 4z + 9z = 19z$	k) $3y + 17y - 19y = y$
d) $7u - u = 6u$	h) $13n - 7n - 2n = 4n$	l) $34i - 21i + 5i - 18i = 0$

91.

a) $2x + 1 + 4x = 6x + 1$	f) $5 + b + 3b - 2 = 3 + 4b$
b) $4y - 4 + y = 5y - 4$	g) $8c + 9 - 6c - 9 = 2c$
c) $5z + 3 - 2z = 3z + 3$	h) $7 + 4h - 6 - 3h = 1 + h$
d) $17 - 2u + 8 = 25 - 2u$	i) $10r + 7 - r - 5 - 6r = 3r + 2$
e) $2a + 3 + 3a + 1 = 5a + 4$	j) $14t + 5 - 5t + 2 - 9t = 7$

92.

a) $5 \cdot 2a = 5 \cdot 2 \cdot a = 10 \cdot a = 10a$	c) $6 \cdot 7r = 6 \cdot 7 \cdot r = 42 \cdot r = 42r$
b) $3x \cdot 4 = 3 \cdot x \cdot 4 = 3 \cdot 4 \cdot x = 12x$	d) $3y \cdot 2y = 3 \cdot 2 \cdot y \cdot y = 6 \cdot y^2$

e) $15x$ f) $42b$ g) $8z$ h) 0 i) $16u$ j) $9a^2$

93. a) Setzt man anstelle von a die Zahl 1 ein, so erhält man: $1 \cdot 1 = 2 \cdot 1$ [f], $1 \cdot 1 \cdot 1 = 3 \cdot 1$ [f].

b)

$a \cdot a = a^2$

$a + a = 2a$

$a \cdot a \cdot a = a^3$

$a + a + a = 3a$

94.

a) $7 \cdot (a + 9) = 7a + 63$	f) $(x + 3) \cdot 8 = 8x + 24$
b) $3 \cdot (2x + 5) = 6x + 15$	g) $(8n - 3) \cdot 6 = 48n - 18$
c) $5 \cdot (3y + 1) = 15y + 5$	h) $(15 - 4r) \cdot 2 = 30 - 8r$
d) $4 \cdot (b - 3) = 4b - 12$	i) $12 \cdot (3y + 7) = 36y + 84$
e) $6 \cdot (9 - 2u) = 54 - 12u$	j) $7 \cdot (15r - 1) = 105r - 7$

95. a) $7a+10$ d) m

b) $8x+1$ e) $5k+7$

c) $8b-10$ f) $6u+6$

96. a) $10+3x$ c) $7k+16$

b) $y+36$ d) $5u$

97. a) $7a+5$ c) $10x+1$

b) b d) 1

Division in Rechenausdrücken

98. a) 42, 28, 14, 12, 7, 6, 4, 2

b) 45, 36, 30, 20, 18, 15, 10, 3

c) 80, 50, 40, 25, 20, 16, 5, 4

99. a) 2

b) 18

c) 53

d) 4

e) 16

f) 3

g) 18

h) 4

i) 1

j) 175

k) 5

l) 99

m) 9

n) 6

100. a) $135 : (5 \cdot 9) = 3$

b) $6 \cdot 12 - 300 : 5 = 12$

c) $(65 : 13) \cdot (68 : 17) = 20$

d) $54 : 3 - (37 - 29) = 10$

e) $56 : 14 \cdot (56 - 14) = 168$

f) $7 + 36 : 3 : 2 = 13$

g) $3 \cdot (7 + 5) : (17 - 8) = 4$

h) $(4 \cdot 81) : 6^2 = 9$

101. a) $(43 - 8) : 7 \; = \; 35 : 7 \; = \; 5$

b) $(100 + 8) : 9 \; = \; 108 : 9 \; = \; 12$

c) $(13 + 12) \cdot 37 \; = \; 25 \cdot 3 \; = \; 75$

102. a) $(28 + 36) : 4 = 64 : 4 = 16$ $\qquad$ $28 : 4 + 36 : 4 = 7 + 9 = 16$

b)

a	b	c	(a + b) : c	a : c + b : c
10	8	2	(10 + 8) : 2 = 18 : 2 = 9	10 : 2 + 8 : 2 = 5 + 4 = 9
21	35	7	(21 + 35) : 7 = 56 : 7 = 8	21 : 7 + 35 : 7 = 3 + 5 = 8
60	84	12	(60 + 84) : 12 = 144 : 12 = 12	60 : 12 + 84 : 12 = 5 + 7 = 12
56	14	14	(56 + 14) : 14 = 70 : 14 = 5	56 : 14 + 14 : 14 = 4 + 1 = 5
34	0	1	(34 + 0) : 1 = 34 : 1 = 34	34 : 1 + 0 : 1 = 34 + 0 = 34

> **Divisionsregel für Summen**
>
> Statt eine Summe durch eine Zahl zu dividieren, können wir auch jeden Summanden durch die Zahl dividieren und die Quotienten anschließend addieren.

103. a)

(72 + 108) : 12	(153 + 119) : 17	(1800 + 420 + 24) : 6
= 72 : 12 + 108 : 12	= 153 : 17 + 119 : 17	= 1800 : 6 + 420 : 6 + 24 : 6
= 6 + 9	= 9 + 7	= 300 + 70 + 4
= 15	= 16	= 374

(56 + 63) : 7 = 17	(480 + 64) : 8 = 68	(99 + 63 + 36) : 9 = 22

(50 + 27) : 11 = 77 : 11 = 7

240 : (12 + 8) = 240 : 20 = 12

104. a)

448 : 7
= (420 + 28) : 7
= 420 : 7 + 28 : 7
= 60 + 4
= 64

b)

111 : 3 = 37	567 : 7 = 81	308 : 4 = 77	689 : 13 = 53
372 : 6 = 62	365 : 5 = 73	132 : 11 = 12	574 : 14 = 41
432 : 8 = 54	765 : 9 = 85	432 : 12 = 36	945 : 15 = 63

105. a)

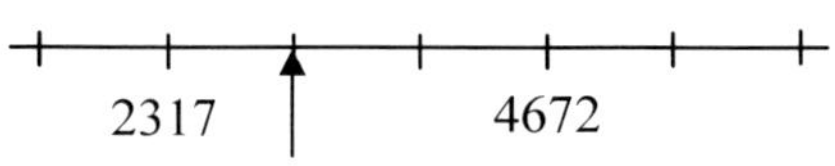

2317 + (4672 − 2317) : 3
= 2317 + 2355 : 3 = 3102

b)

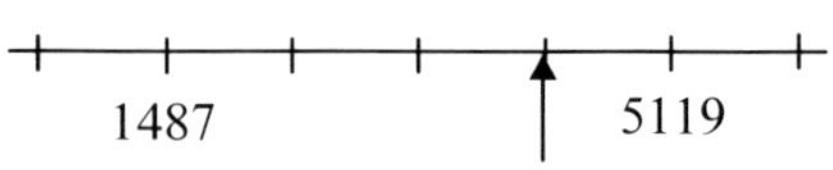

1487 + (5119 − 1487) : 4 · 3
= 1487 + 3632 : 4 · 3 = 4211

106. a) $12 \cdot 15 : 6 = 180 : 6 = 30$ $12 : 6 \cdot 15 = 2 \cdot 15 = 30$

b)

a	b	c	(a·b):c	(a:c)·b
12	5	4	(12·5):4 = 60:4 = 15	(12:4)·5 = 3·5 = 15
15	4	3	(15·4):3 = 60:3 = 20	(15:3)·4 = 5·4 = 20
10	3	5	(10·3):5 = 30:5 = 6	(10:5)·3 = 2·3 = 6
44	2	11	(44·2):11 = 88:11 = 8	(44:11)·2 = 4·2 = 8
13	5	13	(13·5):13 = 65:13 = 5	(13:13)·5 = 1·5 = 5
28	0	14	(28·0):14 = 0:14 = 0	(28:14)·0 = 2·0 = 0

Divisionsregel für Produkte

Statt ein Produkt durch eine Zahl zu dividieren, können wir auch einen Faktor durch die Zahl dividieren und den Quotienten anschließend mit dem anderen Faktor multiplizieren.

107. a)

$45 \cdot 32 : 9$
$= 45 : 9 \cdot 32$
$= 5 \cdot 32$
$= 160$

$91 \cdot 16 : 13$
$= 91 : 13 \cdot 16$
$= 7 \cdot 16$
$= 112$

$25 \cdot 105 : 15$
$= 105 : 15 \cdot 25$
$= 7 \cdot 25$
$= 175$

b)

32·33 : 8 = 132	54·45 : 9 = 270	75·48 : 8 = 450
77·55 : 7 = 605	43·57 : 43 = 57	89·78 : 39 = 178

c) $6 \cdot 25 : 15 = 150 : 15 = 10$

$9 \cdot 4 : 36 = 36 : 36 = 1$

108. a) **84**000 : **12** = 84 · 1000 : 12 = 84 : 12 · 1000 = 7 · 1000 = **7**000

b)
- 5600 : 7 = 800
- 72000 : 8 = 9000
- 520000 : 4 = 130 000
- 7800 : 13 = 600
- 76000 : 19 = 4000
- 960000 : 16 = 60 000
- 8400 : 28 = 300
- 75000 : 25 = 3000
- 1440000 : 18 = 80 000

109. a)

- $28x:7 = 28\cdot x:7 = 28:7\cdot x = 4x$
- $45a:9 = 45:9\cdot a = 5a$
- $32y:8 = 32:8\cdot y = 4y$
- $5u:5 = 5:5\cdot u = 1\cdot u = u$

b)

$18x:6 = 3x$	$64y:16 = 4y$	$7a:7 = a$
$63r:9 = 7r$	$56u:28 = 2u$	$7a:a = 7 \quad (a \neq 0)$

110. a)

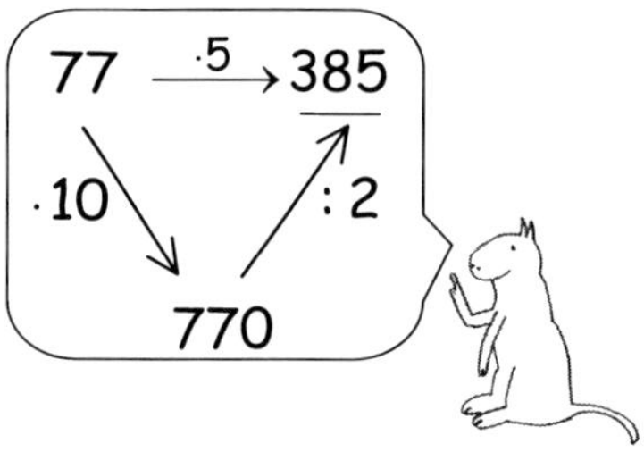

b)

$87\cdot 5 = 435$	$5\cdot 213 = 1065$	$569\cdot 5 = 2845$	$5\cdot 158 = 790$

c) Silvesters Verfahren funktioniert nur bei geraden Zahlen.

d)

$132\cdot 5 = 660$	$5\cdot 766 = 3830$	$2688\cdot 5 = 13440$	$5\cdot 355 = 1775$

e) $a\cdot 5 = a\cdot(10:2) = a\cdot 10:2 = (a\cdot 10):2$

Wenn a gerade ist, gilt: $a\cdot 5 = a\cdot(10:2) = a\cdot 10:2 = (a\cdot 10):2 = (a:2)\cdot 10$.

Mittelwert

111.
- Nein.
- Kai: $(11+22+9+10):4=13$ Punkte im Schnitt.

  Marc: $(14+15+10):3=13$ Punkte im Schnitt.

  Beide sind gleich gute Werfer.

112. a)

Zahlen	35 , 36 , 79	19 , 34 , 39 , 40	31 , 37 , 44 , 46 , 112
Mittelwert	50	33	54

b) 298

113.

Name	Ergebnisse der Mathe-Arbeiten						Durchschnitt
Anke	3	3	3	3	3	3	**3**
Christian	1	3	1	3	3	1	**2**
Johannes	4	5	4	2	5	4	**4**
Marion	1	2	4	-	5	3	**3**
Saskia	6	2	2	2	1	2	**2,5**

114. a) ① $m=26$ ② $m=116$ ③ $m=640$

b) ① $(47+55):2=51$

oder $(55-47):4$ Einheiten $=2$ (Länge einer Einheit).

$47+2$ Einheiten $=47+2\cdot 2=51$.

② $(250+400):2=325$

oder $(400-250):6$ Einheiten $=25$ (Länge einer Einheit).

$250+3$ Einheiten $=250+3\cdot 25=325$.

c) $(1723+2461):2=2092$

4

Grundbegriffe der Gleichungslehre

Aussagen

1.

Satz	Aussage? ja / nein	Wahrheitswert
29 ist eine Primzahl.	ja	w
12 teilt 75.	ja	f
Ist 28 Vielfaches von 4?	nein	---
Die Subtraktion ist kommutativ.	ja	f
Addiere zu 3 den Quotienten von 42 und 7!	nein	---
Addierst du zu 3 den Quotienten von 42 und 7, so erhältst du 9.	ja	w
Es gibt eine natürliche Zahl x mit $3 \cdot x = 10$.	ja	f
Könnt ich doch nur durch 0 teilen!	nein	---
Zürich ist die Hauptstadt der Schweiz.	ja	f
Rauchen gefährdet die Gesundheit.	ja	w

2.

a) $76 : 19 = 4$	**w**	d) $17 - 7 > 10$	**f**	g) $2 \in \{1, 2, 3\}$	**w**
b) $5^2 = 10$	**f**	e) $2^3 < 3^2$	**w**	h) $23 \in \{1, 2, 3\}$	**w**
c) $3 + 4 \neq 4 + 3$	**f**	f) $3^2 + 4^2 = 25$	**w**	i) $0 \notin \{\ \}$	**w**

3.

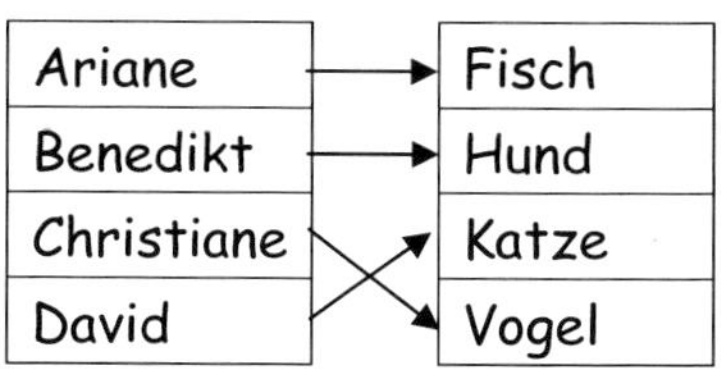

Aussageformen

4. a) ①

$13 \xrightarrow{+11} 24 \xrightarrow{:3} 8$

Silvester hat sich die Zahl 8 ausgedacht.

②

$x \cdot 3 - 11 = 13$

Die gedachte Zahl ist 8,

denn

$8 \cdot 3 - 11 = 13$ (w)

b)

Gedachte Zahl: x

Zahlenrätsel: $11 - 3 \cdot x = 5$

Ergebnis: Die gedachte Zahl ist 2.

Man kann das Rätsel nicht durch Rückwärtsrechnen lösen.

c) Nein, $3 \cdot x - 11 = 13$ und $11 - 3 \cdot x = 5$ sind keine Aussagen, da sie eine Variable enthalten und deshalb keine Entscheidung bzgl. des Wahrheitswertes getroffen werden kann.

5. a)

x	$4 \cdot x + 5 = 33$	Kommentar
3	$4 \cdot 3 + 5 = 33$	Falsche Aussage
7	$4 \cdot 7 + 5 = 33$	Wahre Aussage
11	$4 \cdot 11 + 5 = 33$	Falsche Aussage
...	...	...

b)

Merkmal einer Aussageform:

Ersetzt man in einer Aussageform die Variable durch eine Zahl, so entsteht eine (wahre oder falsche) Aussage.

c)

Falsch! Setzt man für die Variable eine Zahl ein, so entsteht eine Zahl und keine Aussage.

$4 \cdot x+5$ ist eine Rechenausdruck (Term).

d)

x	4·x+5 < 33	Kommentar
5	4·5 + 5 < 33	Wahre Aussage
6	4·6 + 5 < 33	Wahre Aussage
7	4·7 + 5 < 33	Falsche Aussage
8	4·8 + 5 < 33	Falsche Aussage
...	...	...

6.

3x + 1	T	8 − 2 < 5	A	n teilt 12	AF
3x + 1 = 4	AF	y - 2	T	7 teilt 12	A
3 + 1 = 4	A	y - 2 > 5	AF	n	T
3·2 + 1	T	2 < y < 5	AF	7 teilt n	AF

Lösungsmenge

7. a)

7 eingesetzt:

3·7 − 7 = 7 + 9

14 = 16

falsche Aussage

8 eingesetzt:

3·8 − 7 = 8 + 9

17 = 17

wahre Aussage

9 eingesetzt:

3·9 − 7 = 9 + 9

20 = 18

falsche Aussage

b)

- 5 ist Lösung der Gleichung $x^2 + x = 30$. w
- 6 löst die Ungleichung $2 \cdot x + 5 < 3 \cdot x - 1$. f
- 3 erfüllt die Gleichung $2^x = x^2 - 1$. w
- 7 erfüllt die Aussageform „5 teilt $x^2 + 1$". w

c) Beispiele:

- $3 \cdot x + 5 = 17$
- $3 \cdot y > 10$
- „k ist Teiler von 16."
- „q ist Quadratzahl."

8. a)

x	$x^2 + 4 = 5 \cdot x$	Lösung?
0	4 = 0	nein
1	5 = 5	ja
2	8 = 10	nein
3	13 = 15	nein
4	20 = 20	ja
5	29 = 25	nein
6	40 = 30	nein

b) Für $x > 5$ ist $x \cdot x$ größer als $5 \cdot x$.

c) $L = \{1, 4\}$

9. a) $L = \{0, 1, 2\}$

b)

Ungleichung	Lösungsmenge
$6 + x > 9$	$L = \{4, 5, 6, ...\}$
$3 \cdot x < 12$	$L = \{0, 1, 2, 3\}$
$z^2 < 38$	$L = \{0, 1, ..., 5, 6\}$

Ungleichung	Lösungsmenge
$2 \cdot u > 10$	$L = \{6, 7, 8, ...\}$
$7a + 1 < 40$	$L = \{0, 1, ..., 5\}$
$3 + 4r > 40$	$L = \{10, 11, 12, ...\}$

c)
- Für $x \in \{0, 1, 2\}$ entsteht ein nicht definierter Rechenausdruck.
- $L = \{5, 6, 7, ...\}$

10. a)

Gleichung	x = 9	x + 3 = 7	5 + y = 12	13 − u = 8
Lösungsmenge	{9}	{4}	{7}	{5}

b)

Gleichung	$7 \cdot x = 56$	$a \cdot 9 = 54$	$4 \cdot y = 0$	$2 \cdot u = 2$
Lösungsmenge	{8}	{6}	{0}	{1}

c)

Gleichung	x : 3 = 4	35 : y = 7	p : 8 = 1	6 : r = 6
Lösungsmenge	{12}	{5}	{8}	{1}

d)

Gleichung	3a + 1 = 7	5s-7 = 8	23 − 4c = 3	9+4t = 9
Lösungsmenge	{2}	{3}	{5}	{0}

11.

$x < x+1$	$L = \mathbb{N}$
$3+x = 0$	$L = \{\,\}$
$x^2 = 5$	$L = \{\,\}$

$x+7 = 7+x$	$L = \mathbb{N}$
$20 < 2^x < 30$	$L = \{\,\}$
1 teilt x	$L = \mathbb{N}$

12.

a) $4x = 5$	unerfüllbar	e) $4 \cdot y = 0$	$L = \{0\}$
b) $5+x = 4$	unerfüllbar	f) $0 \cdot y = 4$	unerfüllbar
c) $4+x = 5$	$L = \{1\}$	g) $0 \cdot y = 0$	allgemeingültig
d) $4x+x = 5x$	allgemeingültig	h) $y+1 > 0$	allgemeingültig

13.

a) $L = \{7\}$	$3x - 3 = 18$	e) $L = \mathbb{N}$	$7x+14 = 7\cdot(x+2)$
b) $L = \{6, 7, 8, \ldots\}$	$4x + 3 > 25$	f) $L = \{0\}$	$x\cdot(x+1) = 0$
c) $L = \{0, 1, 2, 3\}$	$3x + 1 \leq 10$	g) $L = \{1, 2\}$	$(x-1)\cdot(x-2) = 0$
d) $L = \{\,\}$	$7x + 3 = 15$	h) $L = \{3, 4, 5\}$	$5 - x < 3$

Umformen von Gleichungen

14. a)

Umformen	Gleichung	Lösungsmenge
	$x + 3 = 7$	$L = \{4\}$
Auf beiden Seiten der Gleichung die Zahl 5 addieren	$x + 8 = 12$	$L = \{4\}$
Nur auf der rechten Seite die Zahl 5 addieren	$x + 3 = 12$	$L = \{9\}$
Auf beiden Seiten der Gleichung die Zahl 2 subtrahieren	$x + 1 = 5$	$L = \{4\}$
Wurzel subtrahiert auf beiden Seiten die Zahl 3.	$x = 4$	$L = \{4\}$

Die Lösungsmenge einer Gleichung ändert sich nicht, wenn man auf beiden Seiten der Gleichung dieselbe Zahl addiert oder subtrahiert.

b)

Umformen	Gleichung	Lösungsmenge
	$6 \cdot x = 30$	$L = \{5\}$
Beide Seiten der Gleichung mit der Zahl 4 multiplizieren	$24 \cdot x = 120$	$L = \{5\}$
Beide Seiten der Gleichung mit der Zahl 0 multiplizieren	$0 \cdot x = 0$	$L = \mathbb{N}$
Beide Seiten der Gleichung durch die Zahl 2 dividieren	$3 \cdot x = 15$	$L = \{5\}$
Wurzel dividiert beide Seiten durch die Zahl 6	$x = 5$	$L = \{5\}$

Die Lösungsmenge einer Gleichung ändert sich nicht, wenn man beide Seiten der Gleichung mit derselben Zahl ungleich 0 multipliziert oder dividiert.

c)

Umformen	Gleichung	Lösungsmenge
	$5 \cdot x - 3 = 42$	$L = \{9\}$
Auf beiden Seiten der Gleichung die Zahl 3 addieren	$5 \cdot x = 45$	$L = \{9\}$
Beide Seiten der Gleichung durch der Zahl 5dividieren	$x = 9$	$L = \{9\}$

15. a)

$12 \cdot x + 7 = 43$ Ich subtrahiere auf beiden Seiten 7.

$12 \cdot x = 36$ Ich dividiere beide Seiten durch 12.

$x = 3$

$L = \{3\}$

b)

$3 \cdot x - 11 = 13$ Ich addiere auf beiden Seiten 11.

$3 \cdot x = 24$ Ich dividiere beide Seiten durch 3.

$x = 8$

$L = \{8\}$

c) Man führt die gleichen Rechnungen aus, schreibt sie allerdings anders auf.

16. a) ① Links stehen 2 Dosen, die x kg wiegen, und ein 1kg-Wägestück, also $2 \cdot x + 1$. Rechts sind 7 1kg-Wägestücke, also 7. Die Waage ist im Gleichgewicht, also sind die Gewichte links und rechts gleich schwer, also $2 \cdot x + 1 = 7$.

② Die Waage kippt nach rechts. Silvester muss rechts auch ein Wägestück wegnehmen.

③ Silvester wird scheitern, da eine Dose nicht 1 kg wiegt. Die Waage wird aus dem Gleichgewicht geraten. Wurzel dagegen nimmt auf jeder Seite gleich viel weg (nämlich die Hälfte des Gewichts).

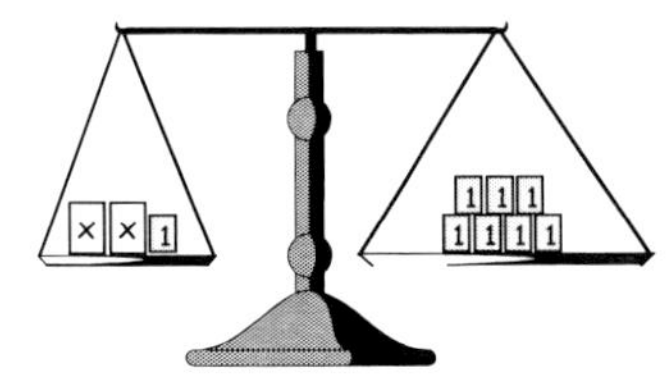

Zustand ①: $2 \cdot x + 1 = 7$

Zustand ②: $2 \cdot x = 6$

Zustand ③: $x = 3$

Lösungsmenge: $L = \{3\}$

b)

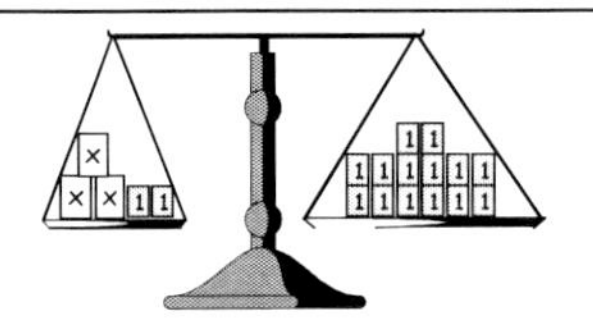

① $3 \cdot x + 2 = 14$

Veränderung:
Ich nehme auf beiden Seiten 2 Wägestücke weg.

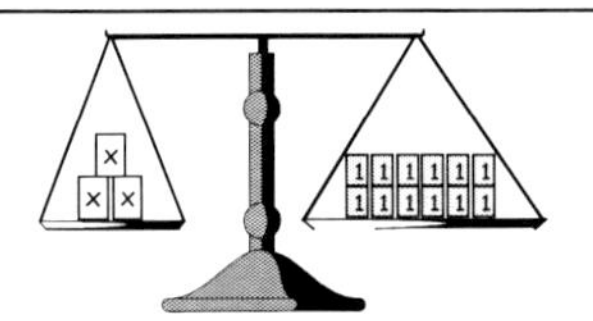

② $3 \cdot x = 12$

Veränderung:
Ich drittele auf beiden Seiten.

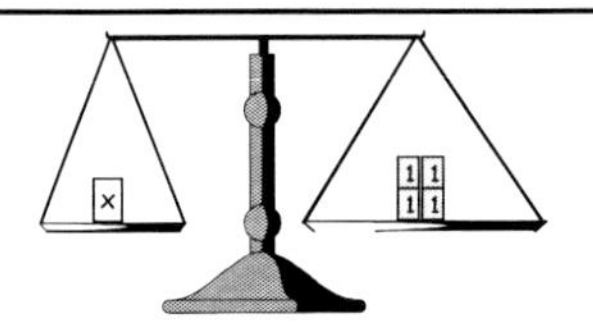

③ $x = 4$

$L = \{4\}$

17. Hinter allen Rechenoperationen verbirgt sich die gleiche Strategie: Da die Variable in der zweiten Zeile alleine stehen soll, wende ich auf beiden Seiten der Gleichung die Gegenoperation zu der Rechenart an, mit der die Zahl mit der Variablen verknüpft ist. Faustregel:

Die umgekehrte Rechenoperation ausführen!

18. a) $L = \{48\}$ e) $L = \{14\}$ i) $L = \{0\}$ m) $L = \{49\}$

b) $L = \{26\}$ f) $L = \{144\}$ j) $L = \{9\}$ n) $L = \{56\}$

c) $L = \{8\}$ g) $L = \{111\}$ k) $L = \{735\}$ o) $L = \{1\}$

d) $L = \{65\}$ h) $L = \{125\}$ l) $L = \{15\}$ p) $L = \{8\}$

19.

a)
$$14 \cdot x - 29 = 55 \quad | +29$$
$$14 \cdot x = 84 \quad | :14$$
$$x = 6$$
$$L = \{6\}$$
Probe:
$$14 \cdot 6 - 29 = 55$$
$$84 - 29 = 55 \quad \text{(w)}$$

b)
$$17 + 15 \cdot y = 137 \quad | -17$$
$$15 \cdot y = 120 \quad | :15$$
$$y = 8$$
$$L = \{8\}$$
Probe:
$$17 + 15 \cdot 8 = 137$$
$$17 + 120 = 137 \quad \text{(w)}$$

20. a) $L = \{12\}$ d) $L = \{11\}$ g) $L = \{13\}$

b) $L = \{10\}$ e) $L = \{1\}$ h) $L = \{6\}$

c) $L = \{9\}$ f) $L = \{2\}$ i) $L = \{0\}$

21. a) $3 \cdot 9 + 12 = 27$

$27 + 12 = 27 \quad [f]$

$3 \cdot 2 + 12 = 42$

$6 + 12 = 42 \quad [f]$

b)
- Bei der linken Gleichung subtrahiert Silvester die 12 nicht auf beiden Seiten. Er vergisst rechts 27 – 12 zu berechnen.
- Silvester vergisst, auf der linken Seite auch die 12 durch 3 zu dividieren. Aber generell sollte man erst im letzten Schritt dividieren.

c)
$$3 \cdot x + 12 = 27 \quad | -12$$
$$3 \cdot x = 15 \quad | :3$$
$$x = 5$$
$$L = \{5\}$$

$$3 \cdot x + 12 = 42 \quad | -12$$
$$3 \cdot x = 30 \quad | :3$$
$$x = 10$$
$$L = \{10\}$$

22.

$$15x - 7 = 9x + 11 \quad | -9x$$
$$15x - 7 - 9x = 9x + 11 - 9x$$
$$6x - 7 = 11 \quad | +7$$
$$6x = 18 \quad | :6$$
$$x = 3$$

Probe:
$$15 \cdot 3 - 7 = 9 \cdot 3 + 11$$
$$45 - 7 = 27 + 11$$
$$38 = 38 \quad \text{(w)}$$
$$L = \{3\}$$

a)	b)
$3y + 1 = 11 - 2y \quad \vert +2y$	$5z + 7 = 3 + 6z \quad \vert -5z$
$3y + 1 + 2y = 11 - 2y + 2y$	$5z + 7 - 5z = 3 + 6z - 5z$
$5y + 1 = 11 \quad \vert -1$	$7 = 3 + z \quad \vert -3$
$5y = 10 \quad \vert :5$	$4 = z$
$y = 2$	$L = \{4\}$
$L = \{2\}$	

c) $L = \{3\}$ e) $L = \{1\}$ g) $L = \{8\}$

d) $L = \{6\}$ f) $L = \{7\}$ h) $L = \{5\}$

23. a)

$24 + 7 \cdot (5 - 3) = 38$

$24 + 7 \cdot 2 = 38$

$24 + 14 = 38$ [r]

b)

$24 + 7 \cdot (x - 3) = 38$ (ausmulitplizieren)

$24 + 7 \cdot x - 21 = 38$ (zusammenfassen)

$7 \cdot x + 3 = 38 \quad \vert -3$

$7 \cdot x = 35 \quad \vert :7$

$x = 5$

24. a) $L = \{2\}$ d) $L = \{1\}$

b) $L = \{6\}$ e) $L = \{7\}$

c) $L = \{10\}$ f) $L = \{4\}$

25. a) • Alle eingesetzten Zahlen lösen die Gleichung.

b) $L = \{\ \}$

c) • $L = \{\ \}$ • $L = \mathbb{N}$ • $L = \{0\}$

26. a) $L = \{4\}$

b) $L = \{8\}$

c) $L = \{0\}$

d) $L = \{\ \}$

e) $L = \{4\}$

f) $L = \{2\}$

g) $L = \{9\}$

h) $L = \mathbb{N}$

Textaufgaben

27. a)

Gedachte Zahl: x

- Zu 13 das Doppelte der Zahl addieren: $13 + 2 \cdot x$
- Die Zahl, die um 17 kleiner ist als das Siebenfache der gedachten Zahl: $7 \cdot x - 17$

Gleichung:

$$13 + 2 \cdot x = 7 \cdot x - 17 \quad | -2 \cdot x$$
$$13 = 5 \cdot x - 17 \quad | +17$$
$$30 = 5 \cdot x \quad | :5$$
$$6 = x$$

Die gedachte Zahl heißt 6.

b) $7 + 5x = 3x + 13$

$x = 3$

c) $16 - x = 2x - 5$

$x = 7$

d) $9 \cdot (x - 2) = 5x + 14$

$x = 8$

28. a)

Daniela	Daniel
Zahl der Mädchen: x	Zahl der Jungen: x
Zahl der Jungen: $121 - x$	Zahl der Mädchen: $121 - x$
Gleichung: $x + 15 = 121 - x$	Gleichung: $x - 15 = 121 - x$
$2x + 15 = 121$	$2x - 15 = 121$
$2x = 106$	$2x = 136$
$x = 53$	$x = 68$
In der Klassenstufe 5 sind 53 Mädchen und 68 Jungen.	In der Klassenstufe 5 sind 68 Jungen und 53 Mädchen.

b)

Tina	Tino
Zahl der Mädchen: x	Zahl der Jungen: x
Zahl der Jungen: $x + 15$	Zahl der Mädchen: $x - 15$
Gleichung: $x + (x + 15) = 121$	Gleichung: $x + (x - 15) = 121$
$2x + 15 = 121$	$2x - 15 = 121$
$2x = 106$	$2x = 136$
$x = 53$	$x = 68$
In der Klassenstufe 5 sind 53 Mädchen und 68 Jungen.	In der Klassenstufe 5 sind 68 Jungen und 53 Mädchen.

29. a) 11 Jungen und 18 Mädchen.
b) 16 Jungen und 11 Mädchen.
c) 20 Mädchen und 13 Jungen.

30. a) ---
b)
Gegenwärtiges Alter des Großvaters: x

Gegenwärtiges Alter von Simon: $75 - x$

Gleichung: $x + 5 = 4 \cdot (75 - x + 5)$

$$x + 5 = 4 \cdot (80 - x)$$
$$x + 5 = 320 - 4x$$
$$5x + 5 = 320$$
$$5x = 315$$
$$x = 63$$

Simons Großvater ist derzeit 63 Jahre alt, er selbst 12 Jahre alt.

31. a) 43 und 13 Jahre.
b) 12 Jahre.
c) 52 und 10 Jahre.

32. Anteil von Ingo: x

Anteil von Arno: $2 \cdot x$

Anteil von Hugo: $x + 26$

Gleichung: $x + 2 \cdot x + x + 26 = 150 \quad | -26$

$4 \cdot x = 124 \quad | :4$

$x = 31$

Ingo bekommt 31, Arno 62 und Hugo 57 Gummibärchen.

33. a) Tim 2600 €, Tom 3200 €, Toni 2200 €.

b) Fabian 2500 €, Pascal 7500 €, Sven 7000 €.

c) Andrea 35 €, Andreas 85 €.

34. a) 19 ℓ.

b) Andy 4000 €.

c) 14 Jahre.

d) 10 Mädchen und 21 Jungen.

35. 405.

Vermischte Aufgaben

36. a) T c) A e) T g) A
b) AF d) A f) AF h) A

37. a)

Aussage A		Aussage B		UND-Aussage	
$1 < 2$	r	$2 < 3$	r	$1 < 2$ und $2 < 3$	r
$7 \in \mathbb{N}$	r	7 ist gerade	f	$7 \in \mathbb{N}$ und 7 ist gerade	f
$3 \cdot 0 = 1$	f	$3 \cdot 1 = 3$	r	$3 \cdot 0 = 1$ und $3 \cdot 1 = 3$	f
$3^2 = 6$	f	$2^3 = 6$	f	$3^2 = 6$ und $2^3 = 6$	f

b) Eine UND-Aussage ist richtig, wenn beide Teilaussagen richtig sind, und sonst falsch.

38. a) Tinas Aussage: „Sie muss in Mathe eine Zwei *oder* in Franz eine Drei schreiben." Tinos Vater: „Zum Geburtstag schenke ich dir *entweder* einen CD-Player *oder* wir machen eine Reise nach Paris."

b) Wenn du zwei Aussagen mit *oder* verbindest, erhältst du eine neue Aussage. *Oder* heißt in der Mathematik: Das eine oder das andere oder auch beides. Das ist das *einschließende Oder*, wie es Tina benutzt. Meint man *oder* im ausschließenden Sinn (wie Tinos Vater), so sagt man *entweder – oder*.

Aussage A		Aussage B		ODER-Aussage	
$4 < 5$	r	$4 = 5$	f	$4 < 5$ oder $4 = 5$	r
$3 : 3 = 0$	f	$3 : 3 = 1$	r	$3 : 3 = 0$ oder $3 : 3 = 1$	r
3 teilt 4	f	3 teilt 5	f	3 teilt 4 oder 3 teilt 5	f
$2^4 = 16$	r	$4^2 = 16$	r	$2^4 = 16$ oder $4^2 = 16$	r

c) Eine ODER-Aussage ist falsch, wenn beide Teilaussagen falsch sind, und sonst richtig.

39.

A	B	A und B	A oder B	entweder A oder B	nicht A oder B
r	r	r	r	f	r
r	f	f	r	r	f
f	r	f	r	r	r
f	f	f	f	f	r

40. a)

$6 \cdot 4x = 24x$	$5a \cdot 1 = 5a$	$68c : 17 = 4c$
$3y \cdot 5 = 15y$	$42x : 7 = 6x$	$81q : 9 = 9q$
$7 \cdot 12u = 84u$	$8z : 8 = 1z = z$	$13y : y = 13$

b)

$8x + 1 - 5x = 3x + 1$	$x + 3 + 2x - 1 = 3x + 2$
$17 + 2r - 17 = 2r$	$5y + 7 - 3y - 6 = 2y + 1$
$2z - 1 - z = z - 1$	$6 - p + 2 + p = 8$
$6 - 3n + 7 = 13 - 3n$	$9u - 7 - 8u + 7 = u$

c)

- $21 + 3 \cdot (x - 7) = 21 + 3x - 21 = 3x$
- $2 \cdot (3r + 1) + 2 \cdot (7 - r) = 6r + 2 + 14 - 2r = 4r + 16$
- $2x + 5 - (x + 5) = 2x + 5 - x - 5 = x$
- $3 \cdot (15 - 2u) - (43 - 7u) = 45 - 6u - 43 + 7u = u + 2$

41.

$q^2 = 361$ $L = \{19\}$	$y^2 = 5y$ $L = \{0, 5\}$	$r^2 = 6r + 7$ $L = \{7\}$
$x^2 + 3 = 19$ $L = \{4\}$	$1 + z + z^2 = 0$ $L = \{\ \}$	$n^2 = 2^n + 1$ $L = \{3\}$

42.

$x^2 < 40$ $L = \{0, 1, ..., 5, 6\}$	$8 - x < 3$ $L = \{6, 7, 8\}$	$10 < 3x < 24$ $L = \{4, 5, 6, 7\}$
$a^2 \le 15$ $L = \{0, 1, 2, 3\}$	$17 - 3c < 14$ $L = \{2, 3, 4, 5\}$	$7 < t + 5 \le 12$ $L = \{3, 4, 5, 6, 7\}$
$n^2 - n \le 12$ $L = \{0, 1, 2, 3, 4\}$	$100 - k^2 < 25$ $L = \{9, 10\}$	$2 < 5y - 7 < 9$ $L = \{2, 3\}$

43. a) 2277 d) 666
b) 8686 e) 414
c) 67 076 f) 5775

44. a) $L = \{0, 1, 2\}$ c) $L = \{5, 6, 7, ...\}$ e) $L = \{0, 1, 2\}$
b) $L = \{9, 10, 11, ...\}$ d) $L = \{35, 36, 37, ...\}$ f) $L = \{10, 11, 12, ...\}$

45. a) $x:7 = 13$; $x=91$

b) $360:x = 24$; $x=15$

c) $7+(x:2) = 20$; $x=26$

d) $9-(x:3) = 2$; $x=21$

e) $x:6+10 = x$; $x=12$

f) $24:x-2 = x$; $x=4$

g) $36:(x+1) = x^2$; $x=3$

h) $30:x = x$; unerfüllbar

46. 70g.

47. 15 Kaninchen und 9 Tauben.

48. a) Rechnung: x sei die Anzahl von Terzos Goldstücken.

$x+(3x+2)+(2x+1)=80$; $6x=77$ unerfüllbar

Antwort: Die Aufteilung ist so nicht möglich.

b) ... Primo erhält 3mal so viele Goldstücke wie Terzo und *eines* extra, ...

$x+(3x+1)+(2x+1)=80$; $x=13$

5

Geometrische Grundbegriffe

Punkte im Koordinatensystem

1.

Standort des Schildes

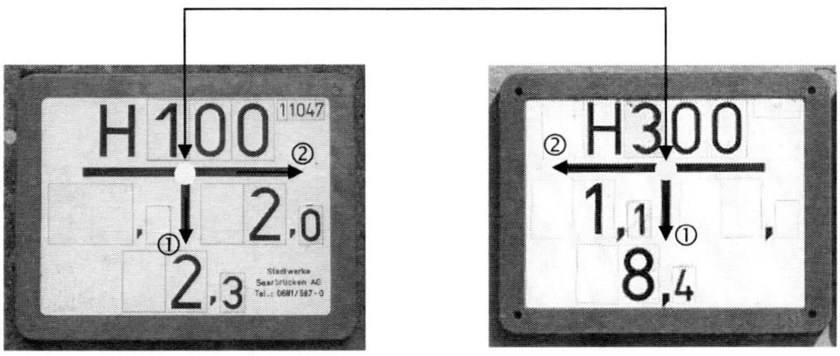

Stell dir vor, das Schild läge am Standort (Pfosten, Mauer, ...) flach auf dem Boden. Man findet den Hydranten, indem man vom Standort des Schildes aus...

- ...zunächst 2,3 m in Richtung ① geht und von dort aus ...
- ... 2,0 m in Richtung ②.

- ...zunächst 8,4 m in Richtung ① geht und von dort aus ...
- ... 1,1 m in Richtung ②.

2. ***Q*** **(5|3)** bedeutet:

Gehe vom Ursprung aus ...

- ... 5 Einheiten nach rechts ...

... und dann ...

- ... 3 Einheiten nach oben.

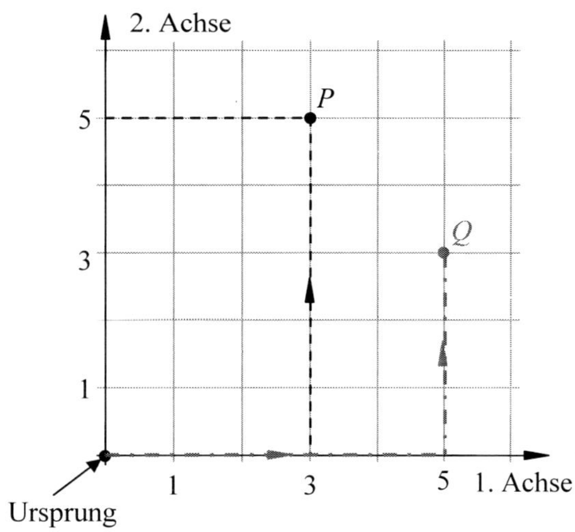

3.

Ergebnisse
O(0|0)
A(3|2)
B(7|1)
C(6|7)
D(1|8)
E(4|0)
F(0|4)
G(2|5)
H(10|4)
I(9|6)
J(5|3)

4. a) Es entsteht der Buchstabe M.

b) gedrehter Buchstabe M

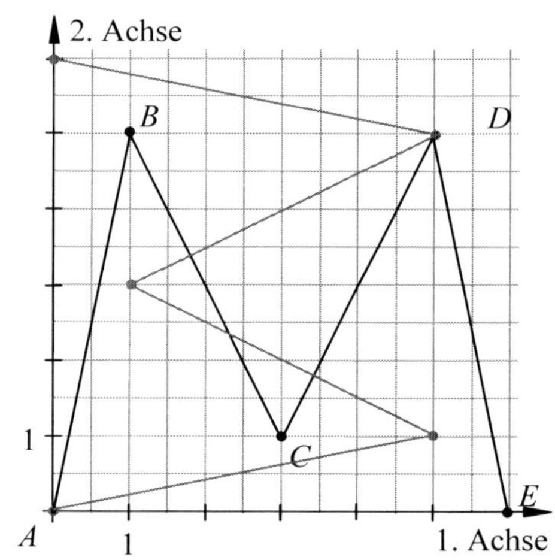

5. a) /b) Es entsteht ein Stern.

c) ---

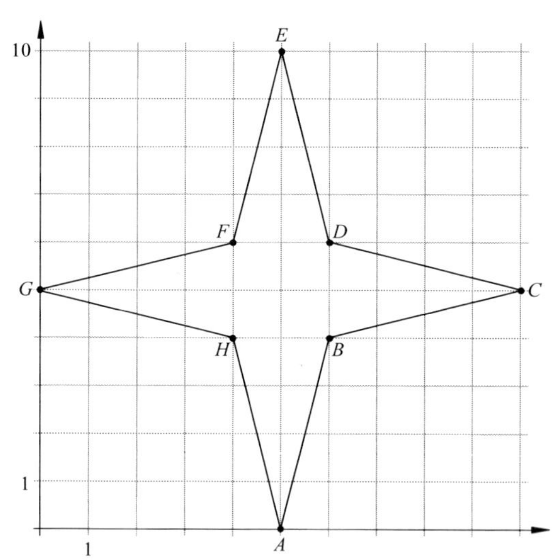

6. a) Die Punkte mit der zweiten Koordinate 3 liegen auf der Parallelen zur 1. Achse durch den Punkt $(0|3)$.

b) Die Punkte mit der ersten Koordinate 5 liegen auf der Parallelen zur 2. Achse durch den Punkt $(5|0)$.

c) Alle Punkte, deren erste (zweite) Koordinate 0 ist, liegen auf der zweiten (ersten) Achse.

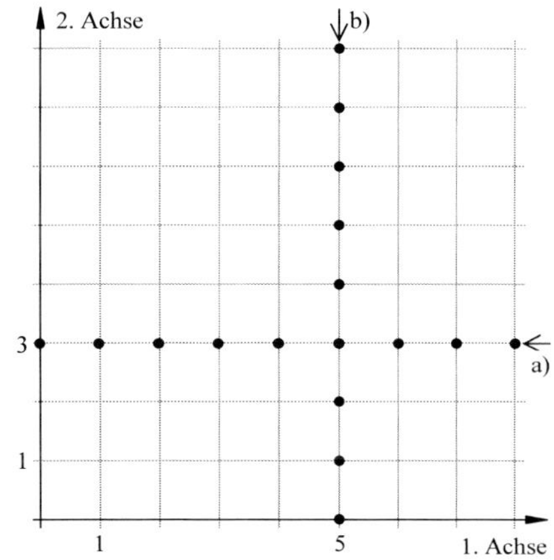

7. a) $x = y$

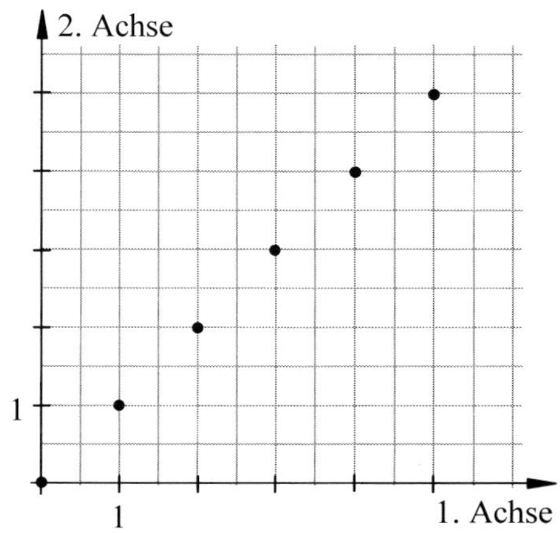

c) $3 \leq x \leq 5$ und $1 \leq y \leq 5$

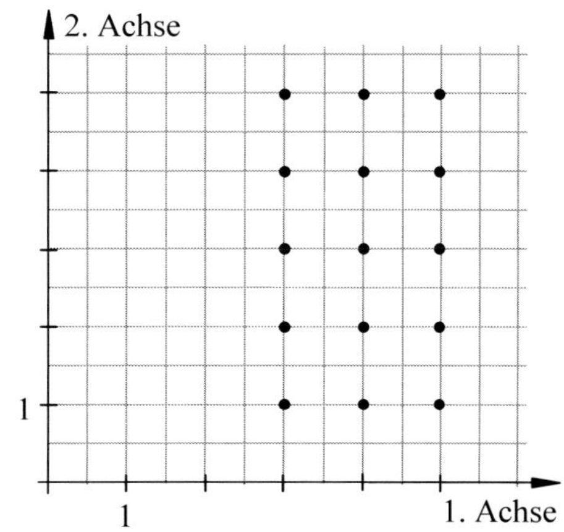

b) $x \leq 4$ und $y = 2$

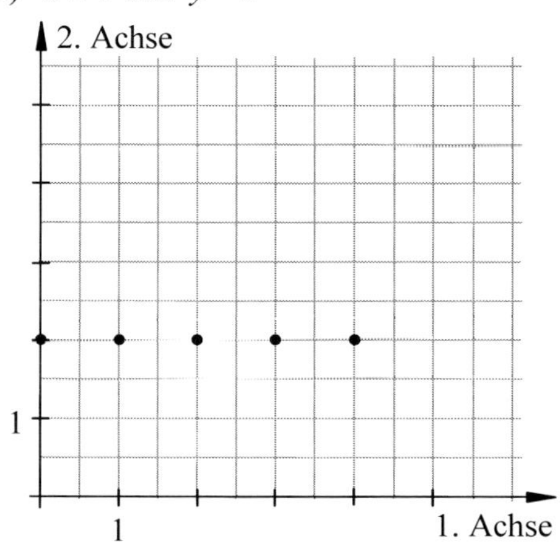

d) $x \leq 6$ und $y \leq x$

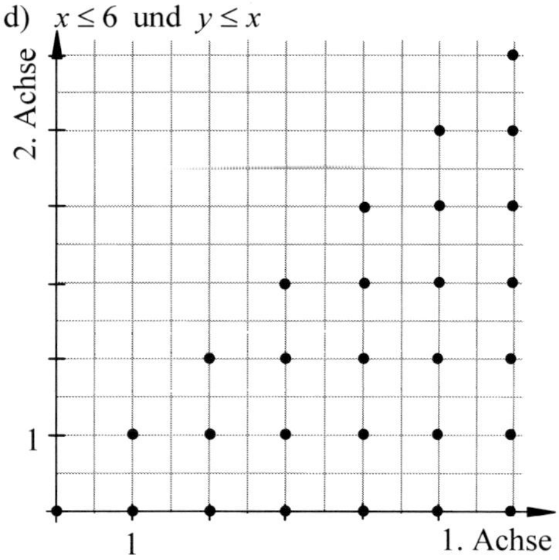

8. Es gibt in der Tat einen wesentlichen Unterschied: Während bei einem Koordinatensystem ein Punkt durch zwei Koordinaten (zwei Zahlen) beschrieben wird, wird beim Schachbrett **ein ganzes quadratisches Feld** beschrieben (durch einen Buchstaben und eine Zahl).

Strecke, Gerade, Strahl

9. a) / b)

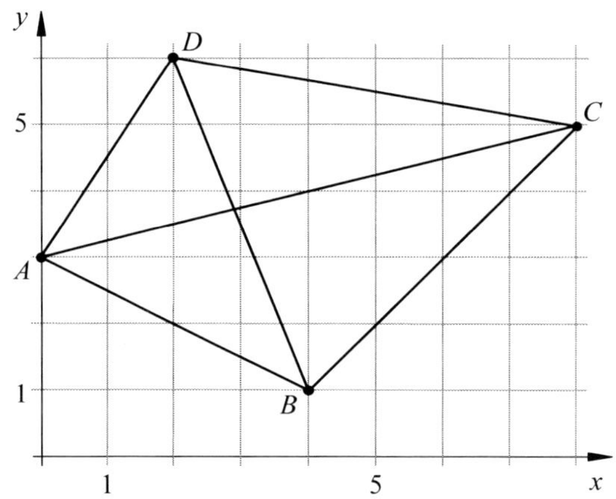

c)

$|\overline{AB}| \approx 45\,\text{mm}$

$|\overline{BC}| \approx 56\,\text{mm}$

$|\overline{CD}| \approx 60\,\text{mm}$

$|\overline{DA}| \approx 36\,\text{mm}$

$|\overline{AC}| \approx 82\,\text{mm}$

$|\overline{BD}| \approx 54\,\text{mm}$

10. a) $|\overline{PQ}| = 50\,\text{mm}$

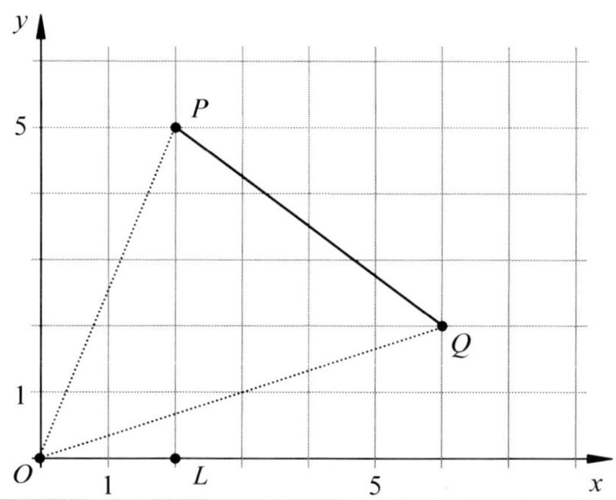

b) $|\overline{OP}| \approx 54\,\text{mm}$

$|\overline{OQ}| \approx 63\,\text{mm}$

c) Von $L(2\,|\,0)$;

$|\overline{LP}| = 50\,\text{mm}$

d) Die Entfernung zweier Punkte ist die Länge ihrer Verbindungsstrecke.

11. Die Wege sind gleich lang. Addiert man alle vertikalen bzw. horizontalen Teilwege Maries, so erhält man die Längen des vertikalen bzw. horizontalen Wegstücks von Susanne.

12. a) Unendlich viele.

b) Durch zwei Punkte A und B gibt es genau eine Gerade.

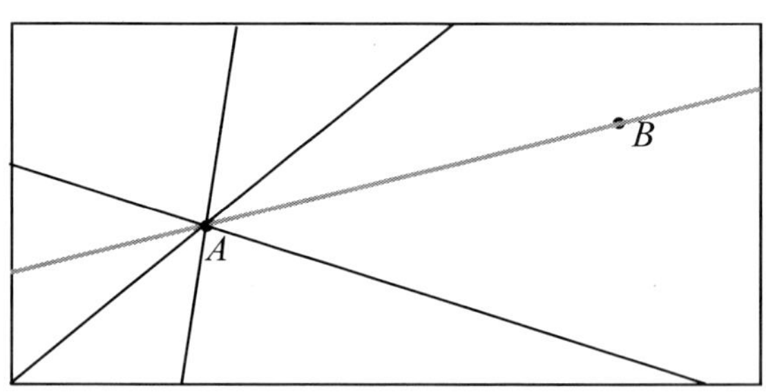

13. a)

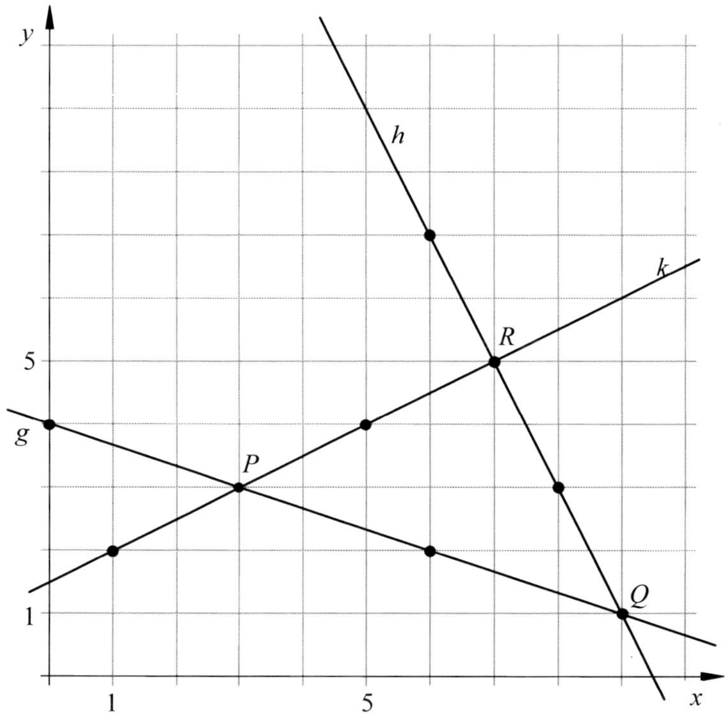

b) Die drei Geraden haben drei Schnittpunkte: $P(3|3)$, $Q(9|1)$, $R(7|5)$.

14. Es gibt 8 Schnittpunkte.

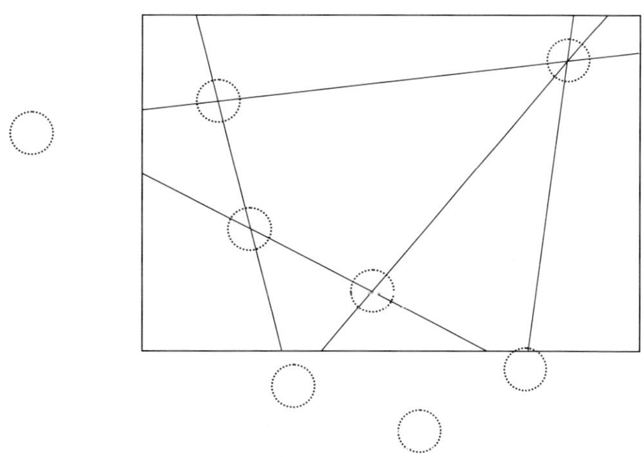

15. a), b), d)

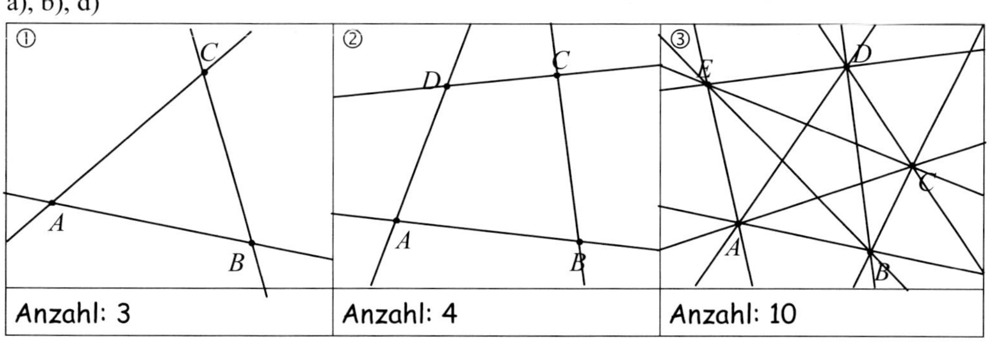

c) Ja, z. B.:

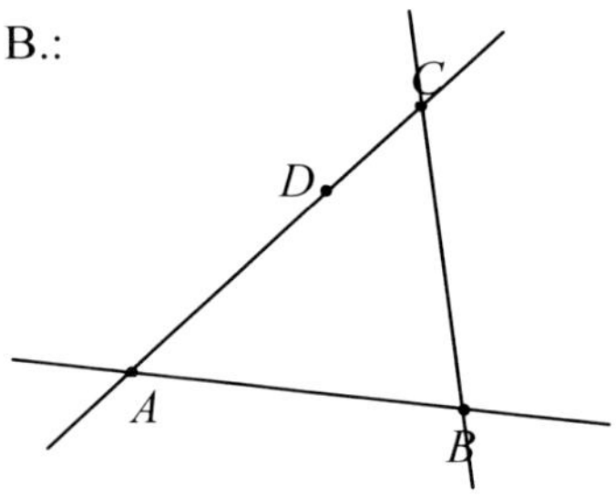

e) Zwischen 6 Punkten: 5 + 4 + 3 + 2 + 1 = 15 Verbindungsgeraden;
zwischen 10 Punkten: 9 + 8 + 7 + 6 + 15 = 45 Verbindungsgeraden.

16.

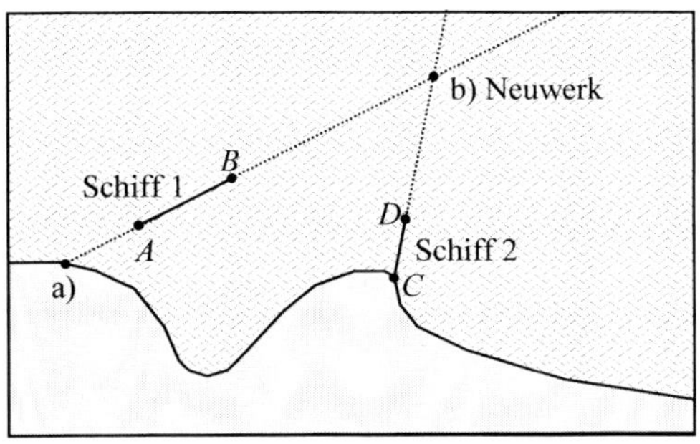

17.

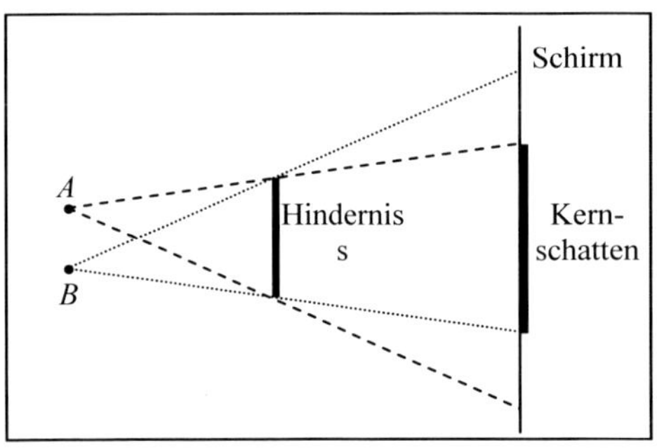

18.

geometrische Sprache	Mengensprache
P liegt auf der Geraden *g*	$P \in g$
g geht durch *Q*	$Q \in g$
g geht nicht durch R	$R \notin g$
P liegt auf $\overline{AB}$	$P \in \overline{AB}$
A liegt nicht auf $\overline{PQ}$	$A \notin \overline{PQ}$

Senkrecht

19.

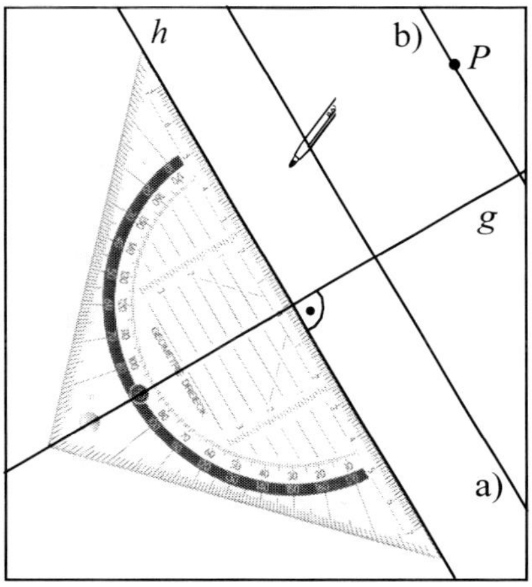

20.

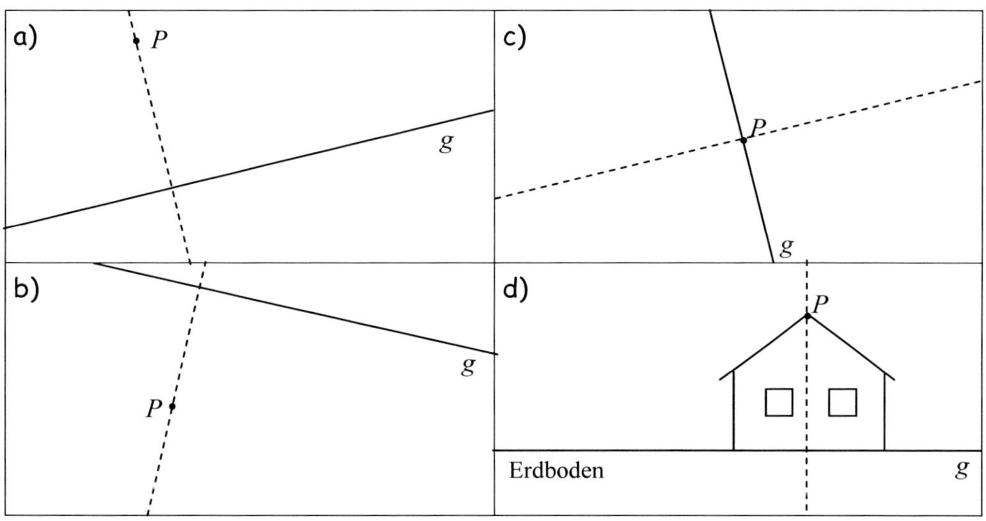

21.

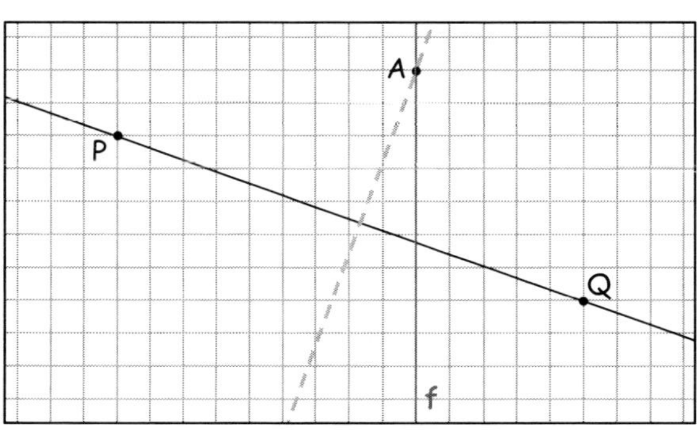

22. $g \perp \ell,\ \ \ell \perp g,\ \ m \perp h,\ \ h \perp m,\ \ n \perp k,\ \ k \perp n$

23. a)

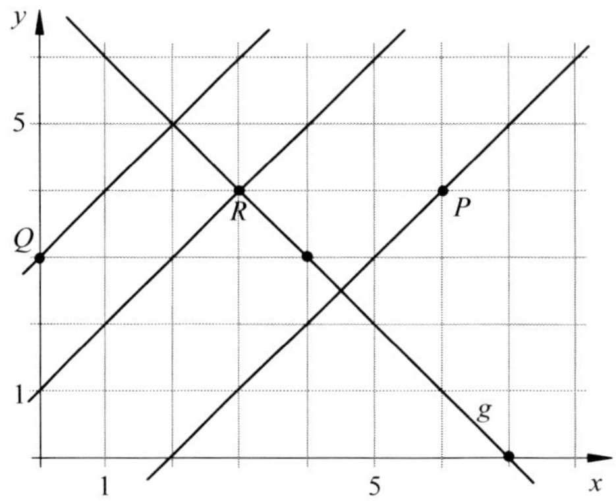

b) • $\overline{BD} \perp \overline{AC}$

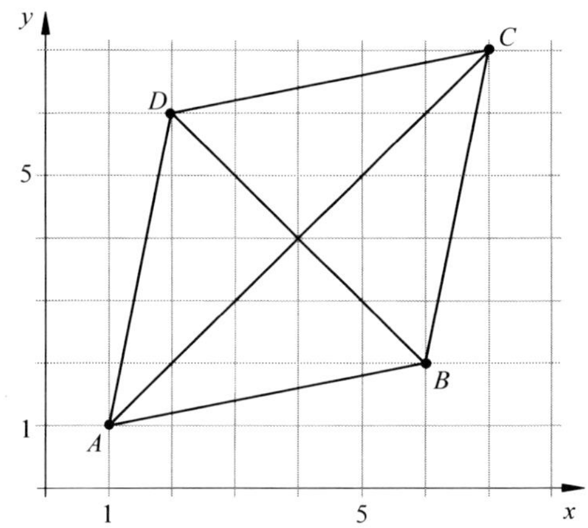

• $\overline{BD} \perp \overline{AC}$

$\overline{AB} \perp \overline{AD}$

$\overline{CD} \perp \overline{BC}$

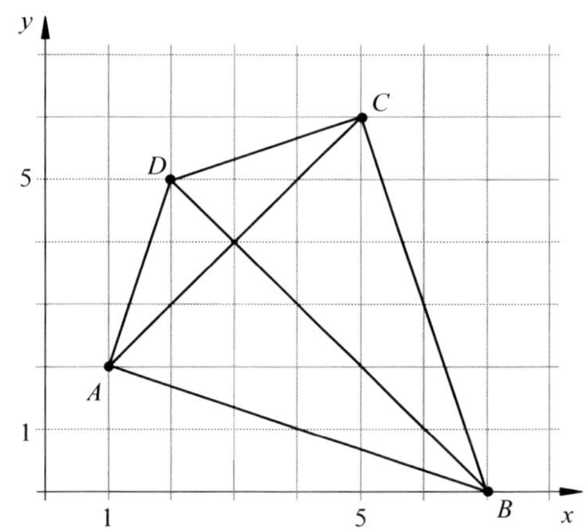

24. a)

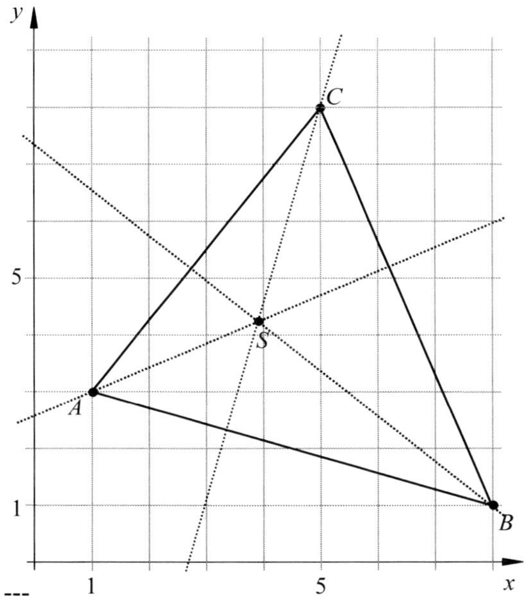

Die drei Senkrechten schneiden sich in einem Punkt S.

b) ---

25. a) Z. B.: Das ist die Gerade, die die Strecke in ihrem Mittelpunkt senkrecht schneidet.

b)

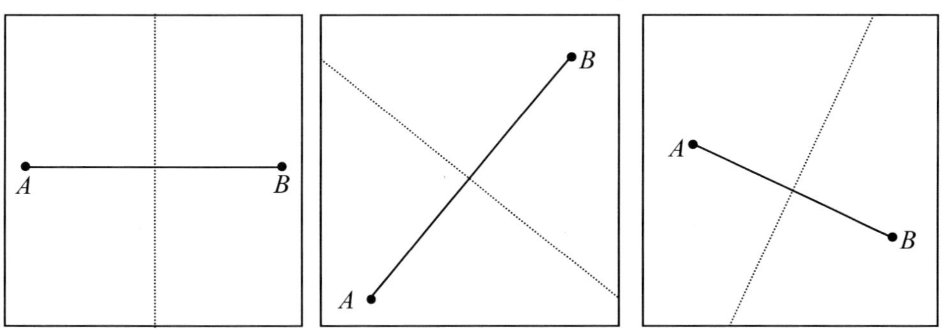

c) •

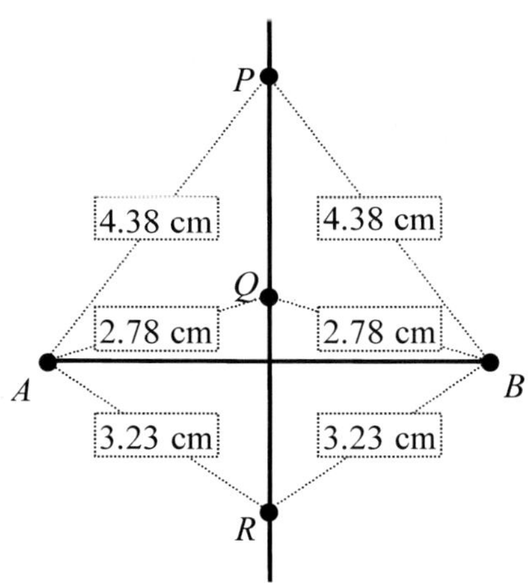

Wenn ein Punkt auf der Mittelsenkrechten der Strecke $\overline{AB}$ liegt, dann ist er von den Endpunkten A und B gleich weit entfernt.

Abstände

26. a) siehe Abbildung

b) $|\overline{PL}| \approx 36\,\text{mm}$

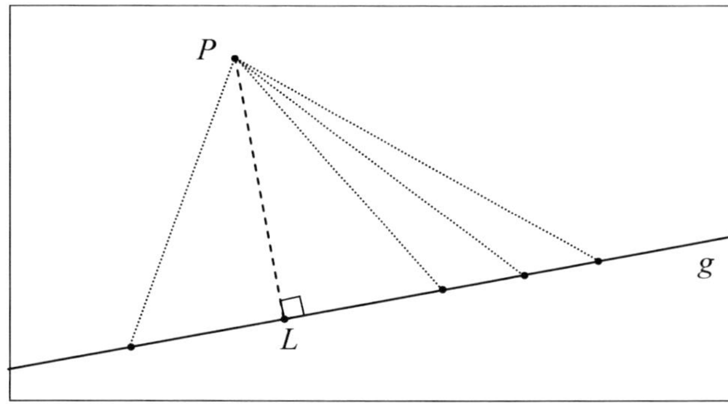

c) Von allen Verbindungsstrecken zwischen P und g ist diejenige die kürzeste, die auf g senkrecht steht.

27.

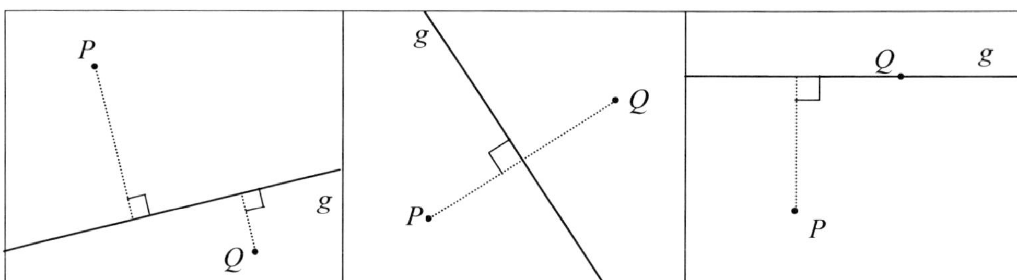

Abstand von ... ... P zu g: 24 mm ... Q zu g: 9 mm	Abstand von ... ... P zu g: 16,5 mm ... Q zu g: 16,5 mm	Abstand von ... ... P zu g: 20 mm ... Q zu g: 0 mm

28. a) Das Lot ist korrekt gezeichnet.

b) Nein. Korrektes Lot siehe Zeichnung.

c)

	g	h	k
P	22 mm	15 mm	8 mm
Q	50 mm	26 mm	18 mm
R	40 mm	18 mm	26 mm

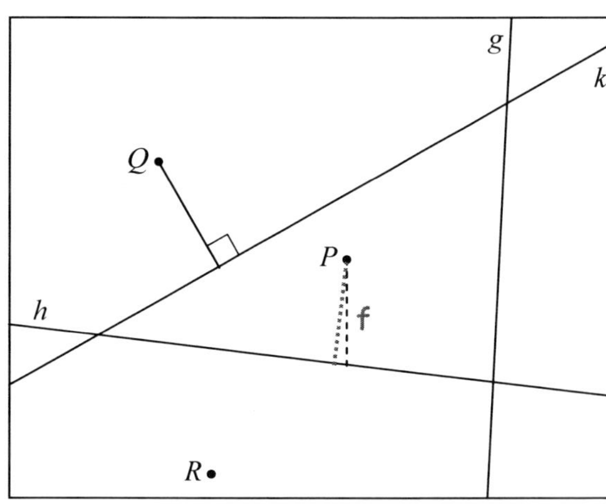

29.

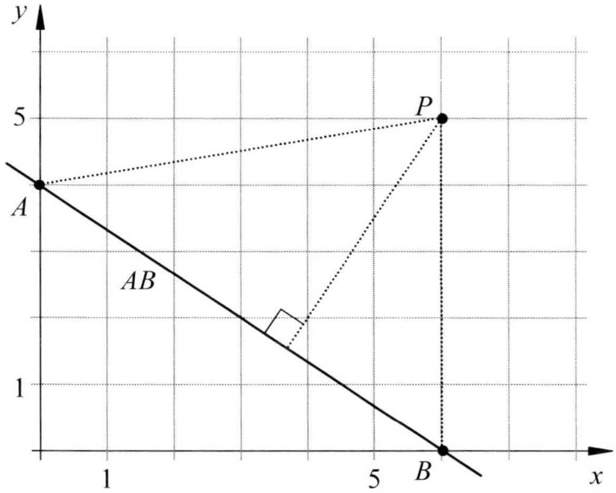

$|\overline{AP}| \approx 60\,\text{mm}$

$|\overline{BP}| = 50\,\text{mm}$

$d(P, AB) \approx 42\,\text{mm}$

30.

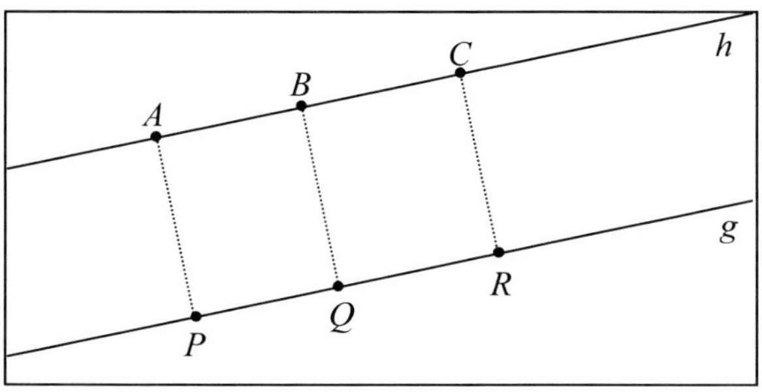

a)

Alle Abstände sind gleich.

b) Alle Abstände sind gleich 22 mm.

c) *g* und *h* sind zueinander parallel.

Parallel

31. a) Siehe rechts.

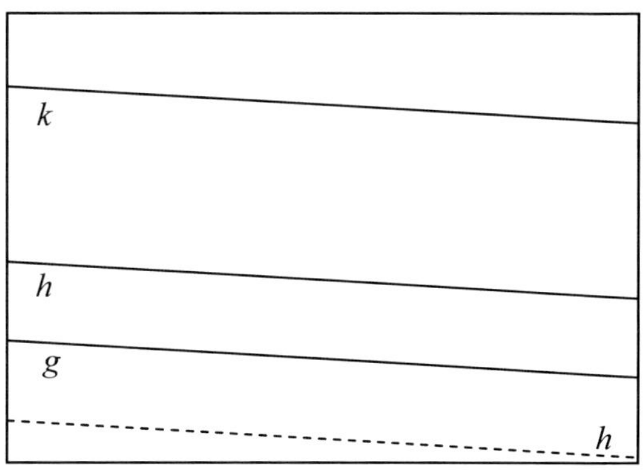

b) Alle Punkte der Geraden *h* haben zu *k* den Abstand 2,2 cm (bzw. 4,2 cm) – und umgekehrt.

32.

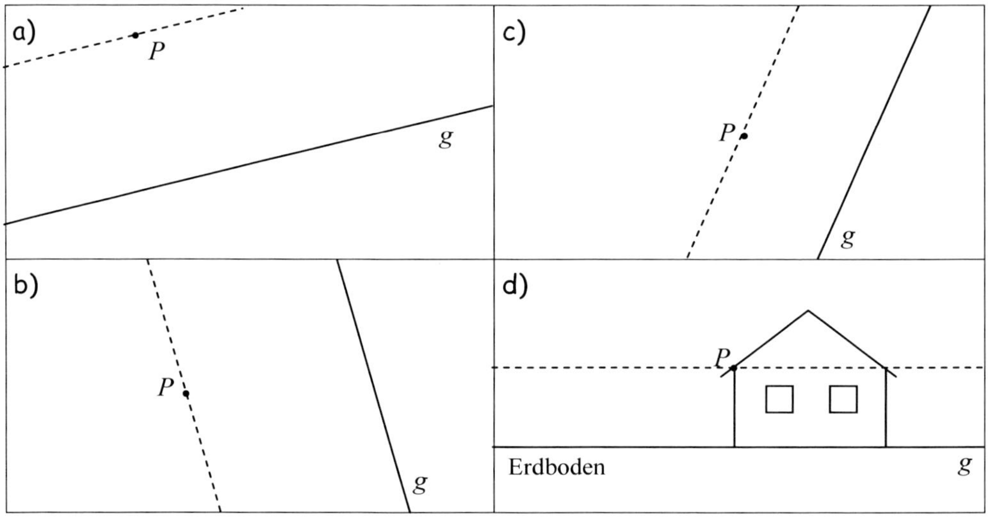

33. Die Parallelen teilen die Strecke $\overline{AB}$ in 6 gleich lange Teilstrecken.

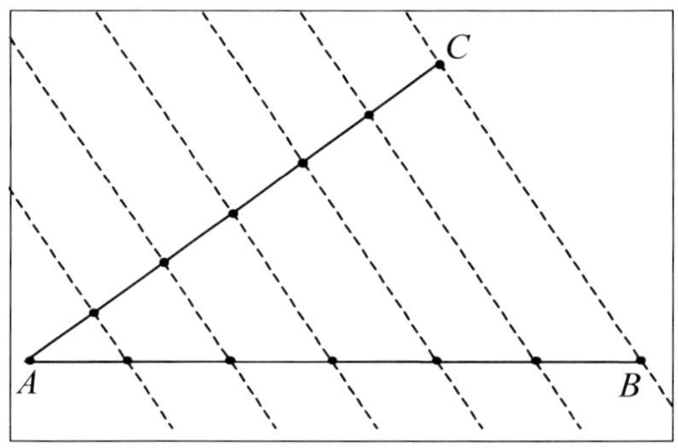

34.

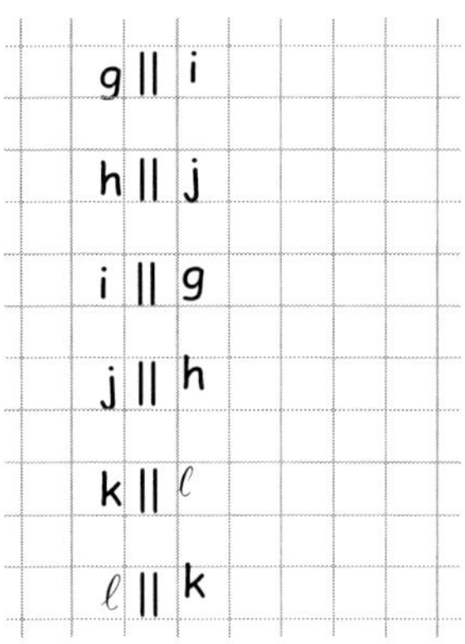

35. a)

- Siehe rechts.
- $g \parallel h$

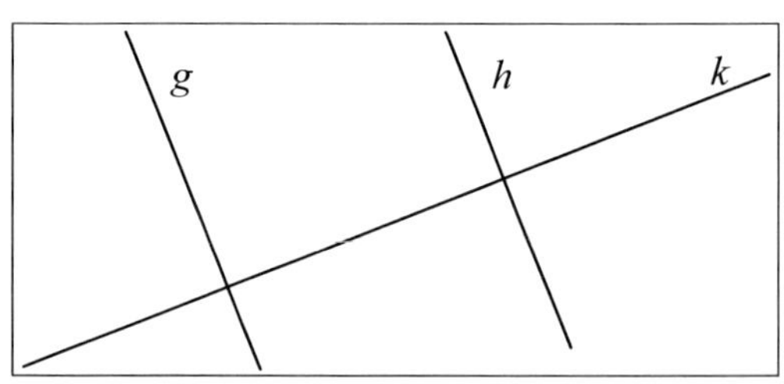

b) Wenn zwei Geraden eine gemeinsame Senkrechte haben,
dann sind sie zueinander parallel.

c) Der Satz gilt.

Wenn zwei Geraden zueinander parallel sind, dann haben sie eine gemeinsame Senkrechte.

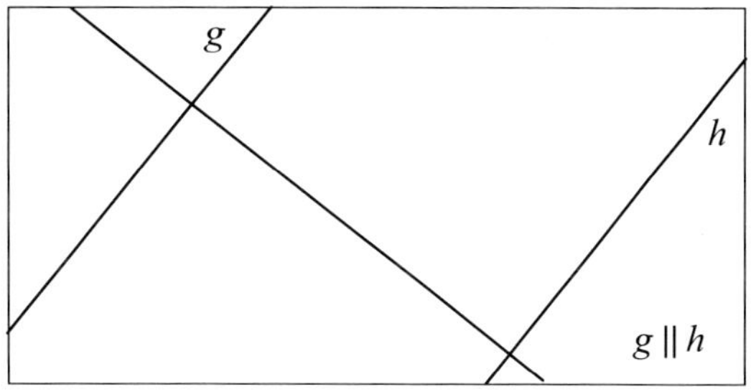

36. a)
- Der Abstand von P zu g ist zu groß für das übliche Geodreieck.
- Ich zeichne zunächst eine Senkrechte zu g und dann zu dieser Senkrechten die Senkrechte durch P.

b) Siehe rechts.

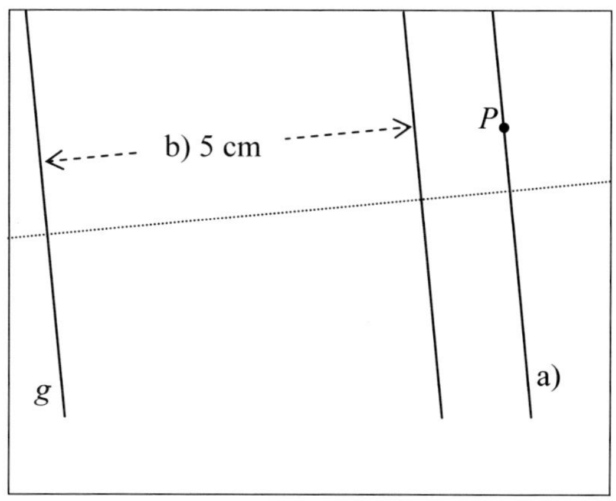

37.

Seien g, h und k Geraden.

① Wenn g||k und h||k ist, dann ist g||k.

② Wenn g||k und h⊥k ist, dann ist g⊥k.

③ Wenn g⊥k und h⊥k ist, dann ist g||k.

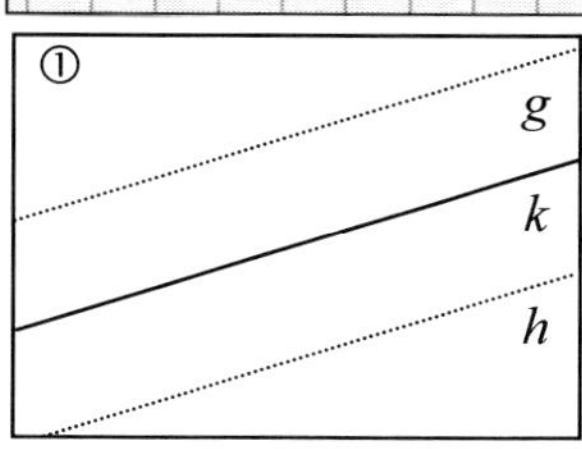

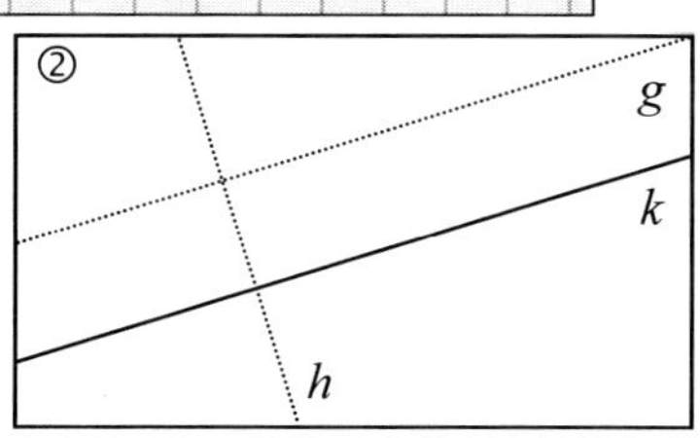

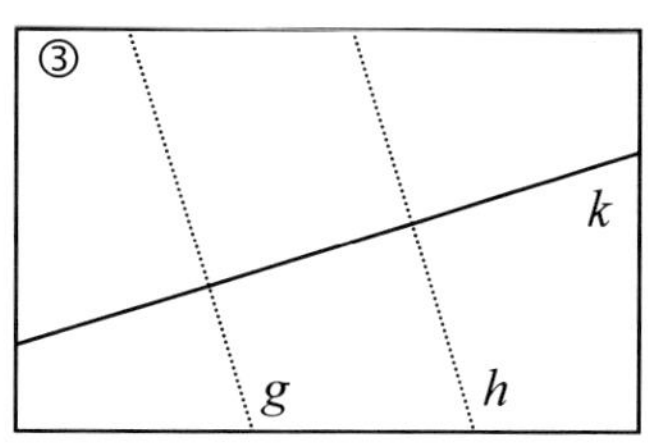

38.

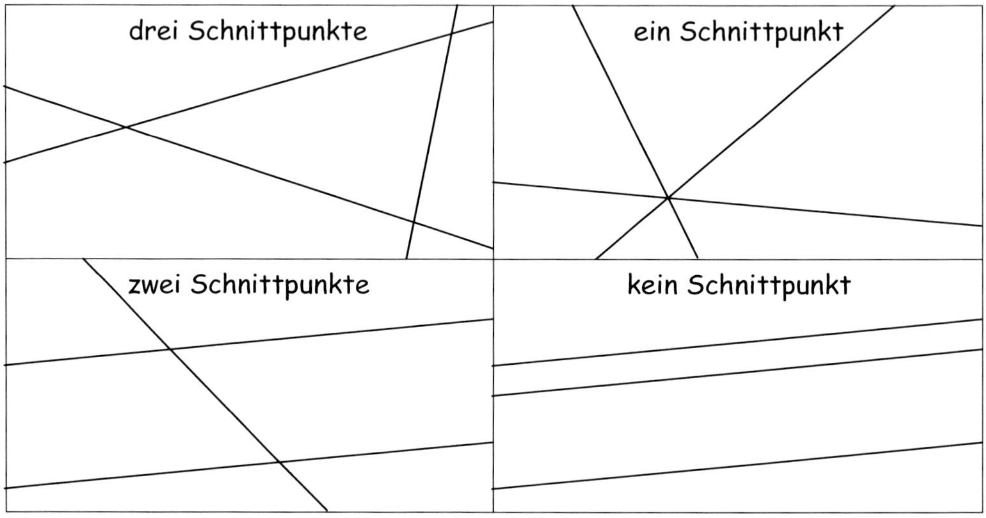

39.

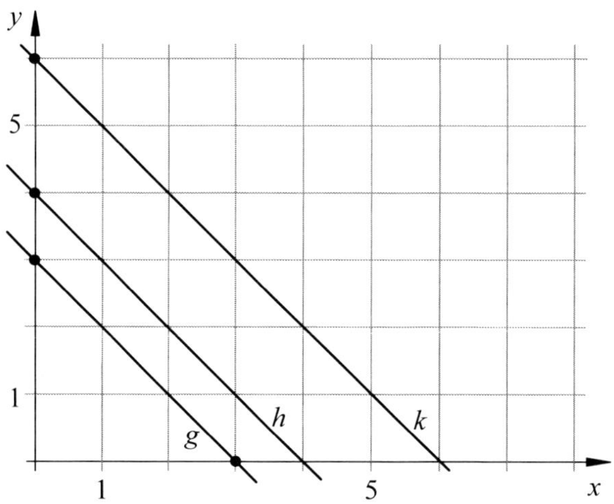

$d(g, h) \approx 7\,\text{mm}$

$d(g, k) \approx 21\,\text{mm}$

$d(h, k) \approx 14\,\text{mm}$

40.

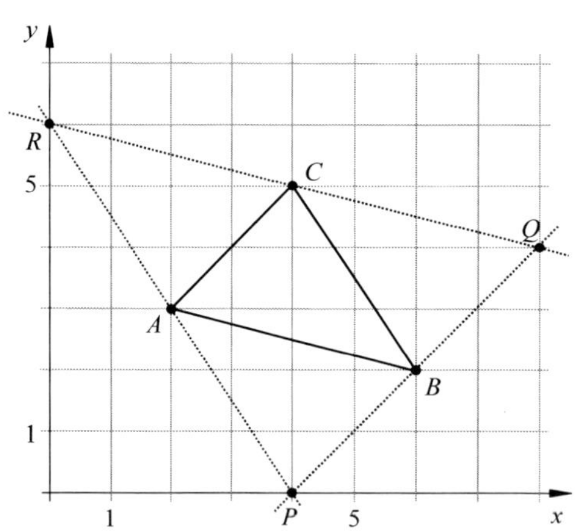

$P(4|0)$

$Q(8|4)$

$R(0|6)$

41. a)

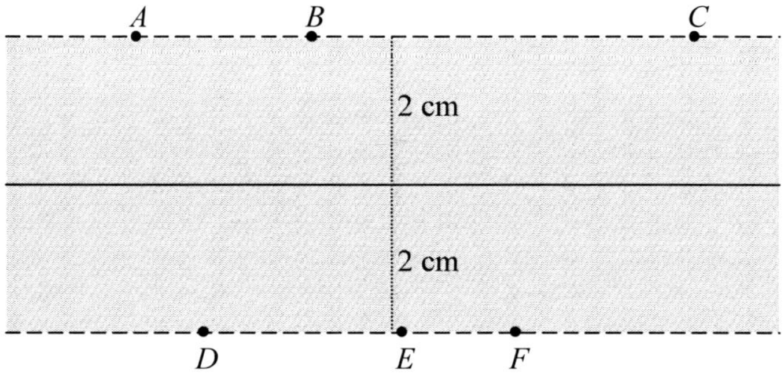

b) Alle Punkte, die von g den Abstand 2 cm haben, liegen *auf* den beiden Parallelen von g im Abstand 2 cm.

c) Alle Punkte, die von g weniger als 2 cm entfernt sind, liegen *zwischen* den beiden Parallelen von g im Abstand 2 cm.

42.

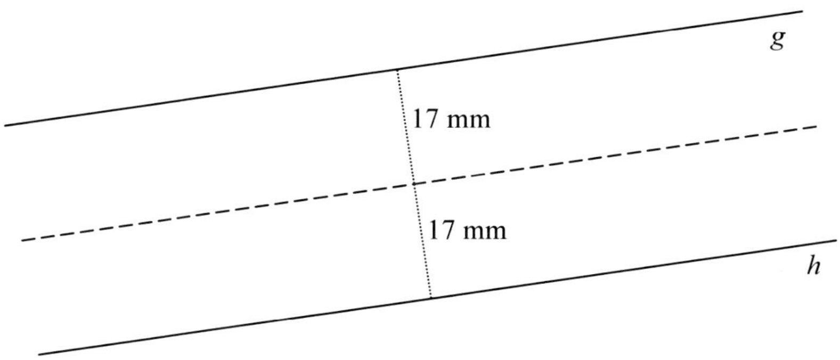

Alle Punkte, die von g und h denselben Abstand haben, liegen auf der *Mittelparallelen* von g und h.

43.

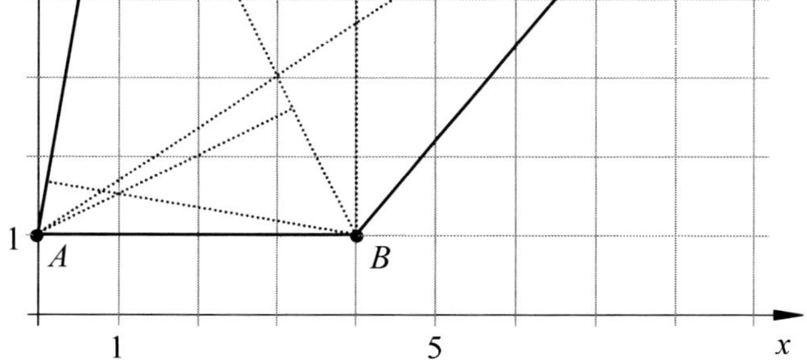

$|\overline{AC}| \approx 108\,\text{mm}$

$|\overline{BD}| \approx 67\,\text{mm}$

$d(AB, CD) = 60\,\text{mm}$

$d(B, AD) \approx 39\,\text{mm}$

$d(A, BD) \approx 35\,\text{mm}$

44. ① Zeichne die Gerade *AB*.

② Zeichne die Parallele zu *AB* durch *C*.

③ Zeichne die Gerade *CB*.

④ Zeichne die Parallele zu *CB* durch *A*.

45. a)

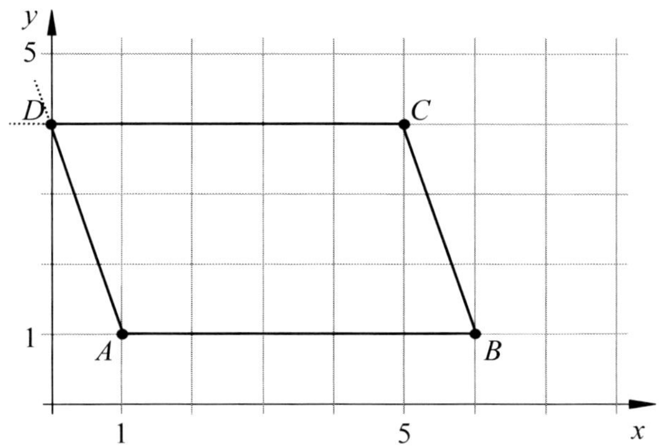

$D(0|4)$

b) Besondere Eigenschaften des Parallelogramms:

- Gegenüberliegende Seiten sind parallel.
- Gegenüberliegende Seiten sind gleich lang.

46. a)

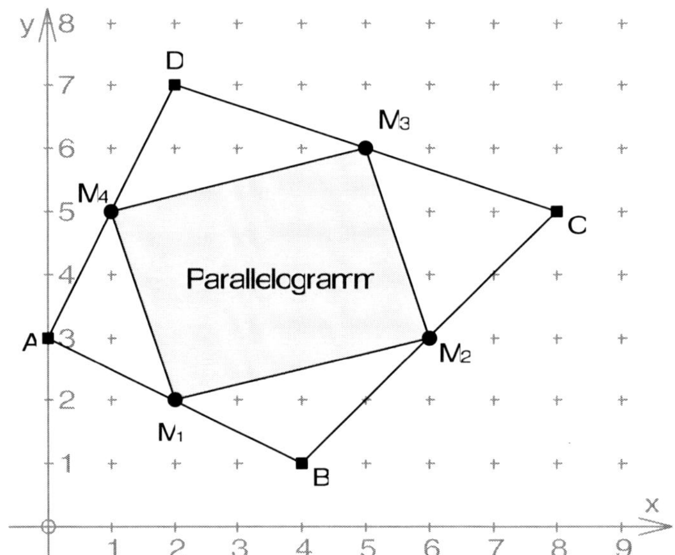

$M_1(2|2)$
$M_2(6|3)$
$M_3(5|6)$
$M_4(1|5)$

b) Jedes Mittenviereck eines Vierecks ist ein Parallelogramm.

Kreis

47. Alle Punkte, die vom Punkt M genau 3 cm entfernt sind, liegen auf dem Kreis um M mit Radius 3 cm.

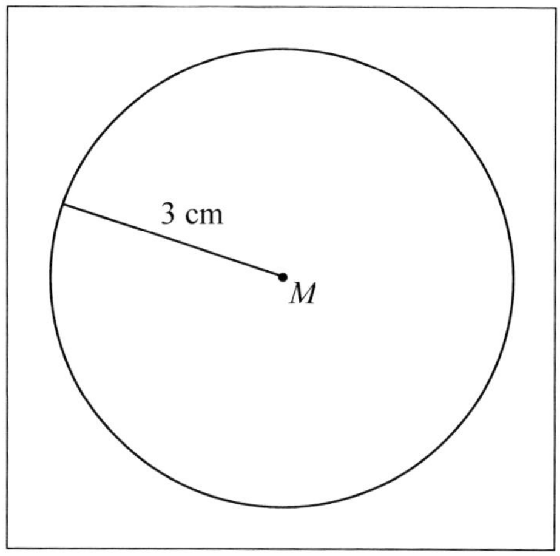

48. a) Alle vier Punkte sind von M 2,5 cm entfernt.

b)
- $|\overline{AB}| \approx 28\,\text{mm}$
  $|\overline{AD}| \approx 38\,\text{mm}$
  $|\overline{AC}| \approx 49\,\text{mm}$
- A' ergibt sich z. B. als zweiter Schnittpunkt der Geraden AM mit dem Kreis: $|\overline{AA'}| \approx 50\,\text{mm}$.

c) Z. B. $|\overline{EM}| \approx 21\,\text{mm}$, $|\overline{FM}| \approx 13\,\text{mm}$
$|\overline{GM}| \approx 35\,\text{mm}$, $|\overline{HM}| \approx 37\,\text{mm}$

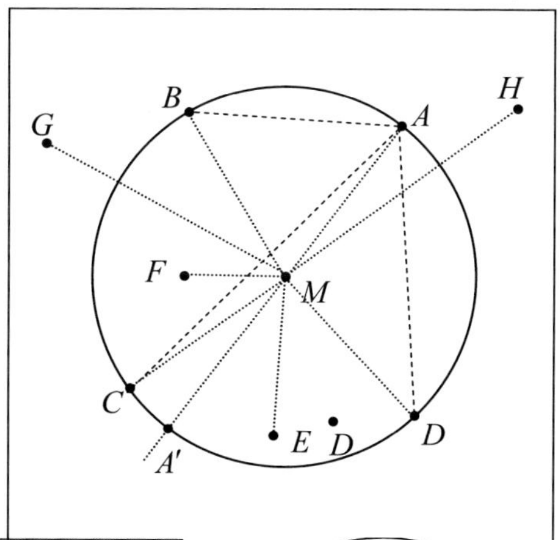

Alle Punkte eines Kreises haben vom Mittelpunkt M dieselbe Entfernung.
Diese Entfernung heißt Radius des Kreises.
Das Doppelte des Radius heißt Durchmesser.

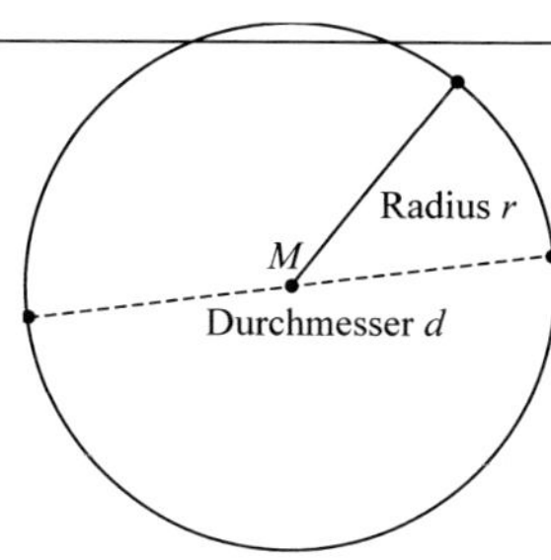

Alle Punkte innerhalb / außerhalb des Kreises haben eine Entfernung zu M, die kleiner / größer als der Radius r ist.

49. a) $r \approx 28\,\text{mm}$

$d \approx 56\,\text{mm}$

b) $S_1(2\,|\,1)$, $S_2(6\,|\,5)$

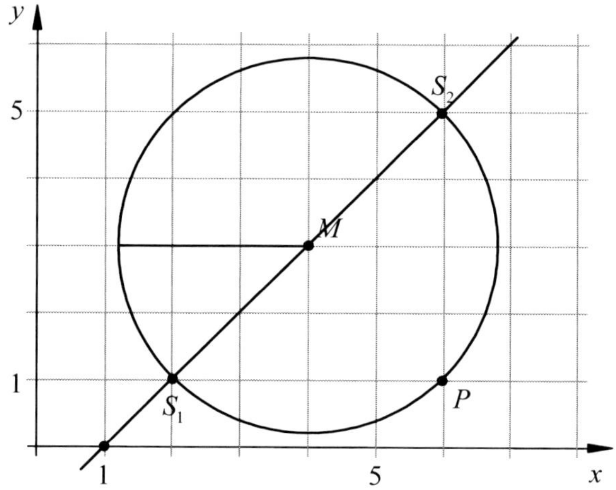

50. a)

	k1	k2	k3
r	3 cm	2 cm	0,9 cm
d	6 cm	4 cm	1,8 cm

b) Siehe rechts: $r \approx$ 2,1 cm.

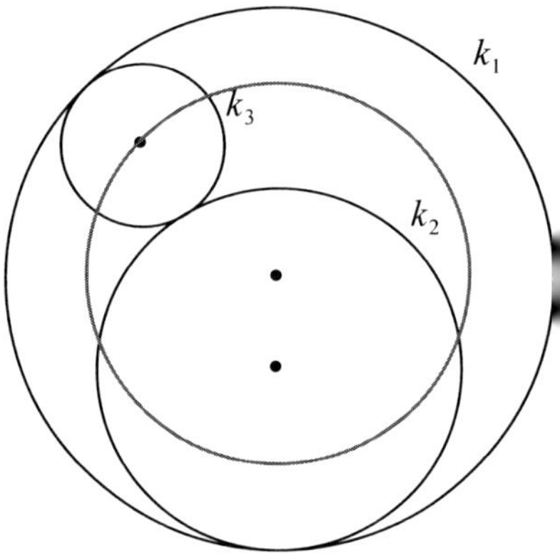

51. a)

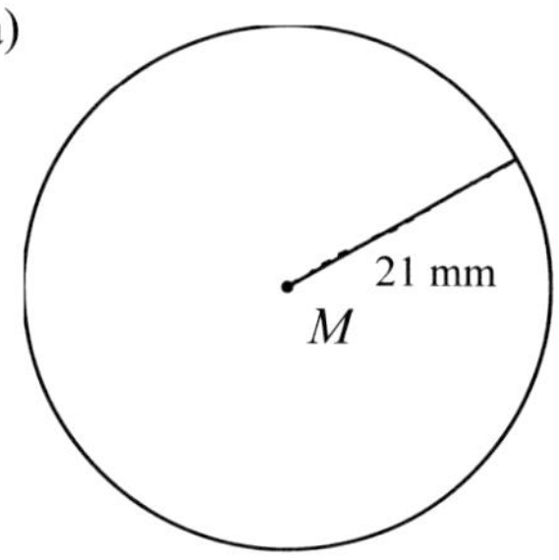

b)

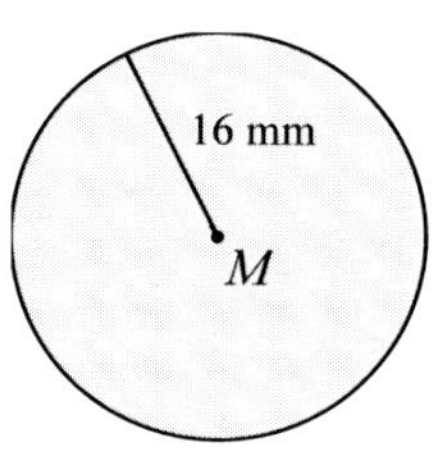

c)

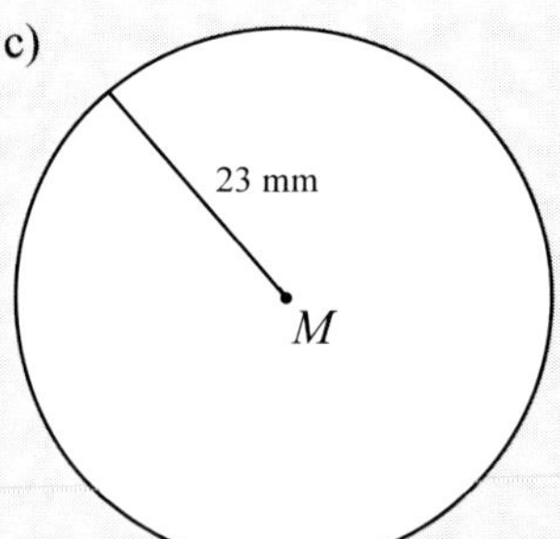

d)

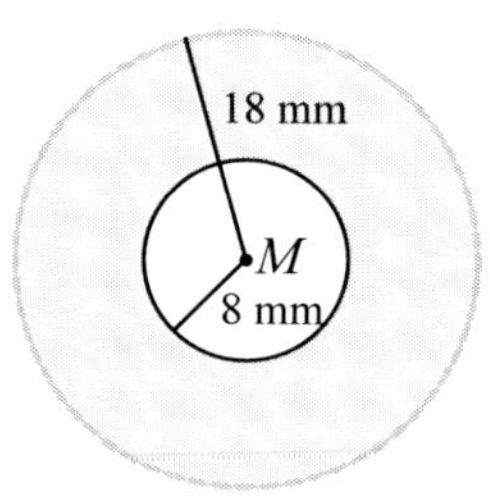

e) Menge aller Punkte, die mehr als 10 mm und höchstens 20 mm von M entfernt sind.

52. a) ---

b) Der Mittelpunkt ist nicht eindeutig definiert.

c) Dillingen, Saarlouis, Völklingen, Forbach, Sarreguemines, Sulzbach, Neunkirchen, Ottweiler, Lebach, St. Ingbert, Blieskastel.

d) Nein, nicht ganz. (Es fehlt z. B. Orscholz oder Blieskastel.)

e) Der Kreis um Lebach mit rund 45 km (entspricht etwa 76 mm auf der Karte) erfüllt die genannte Bedingung.

53. a) gesuchte Punkte: *P*, *Q*

b) kein Schnittpunkt

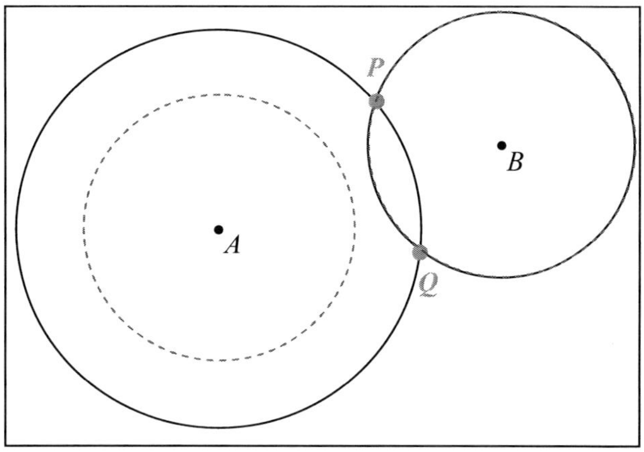

c) gesuchte Punkte: *P*, *Q*.

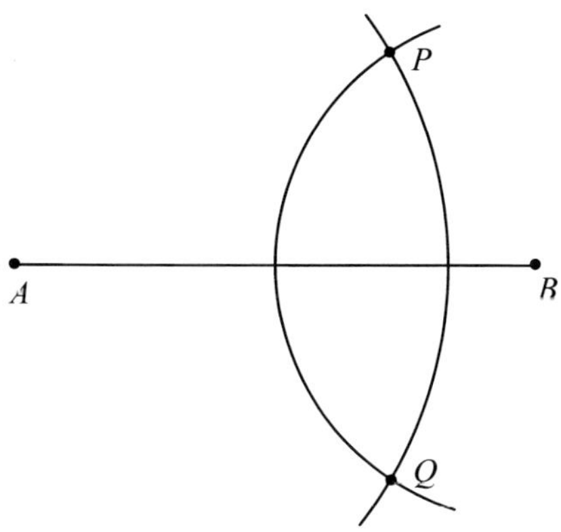

d) gesuchte Punkte: *R* und *S*.

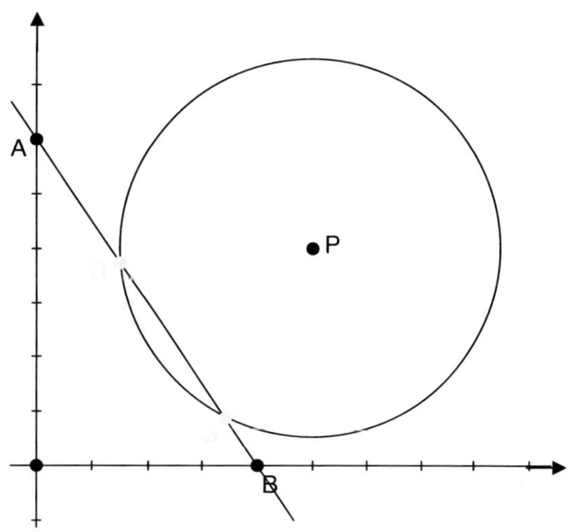

e) Die gesuchte Punktmenge ist grau schraffiert.

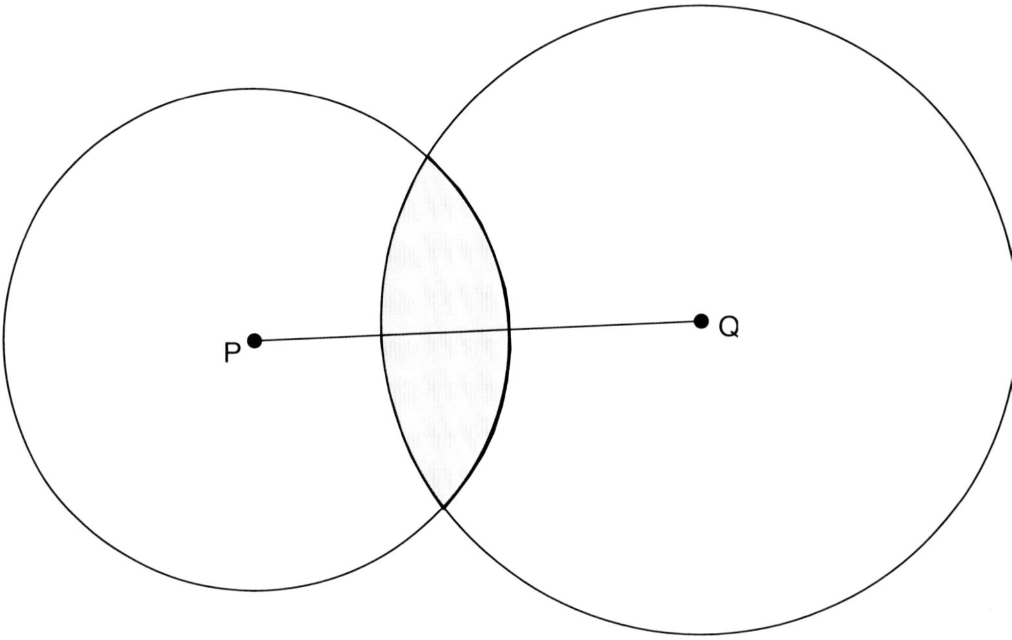

54.

$g \cap k = \{A, B\}$	$\ell \cap k = \{E\}$	$g \cap h = \{\ \}$
$h \cap k = \{D, E\}$	$g \cap \ell = \{C\}$	$h \cap k \cap \ell = \{E\}$

55.

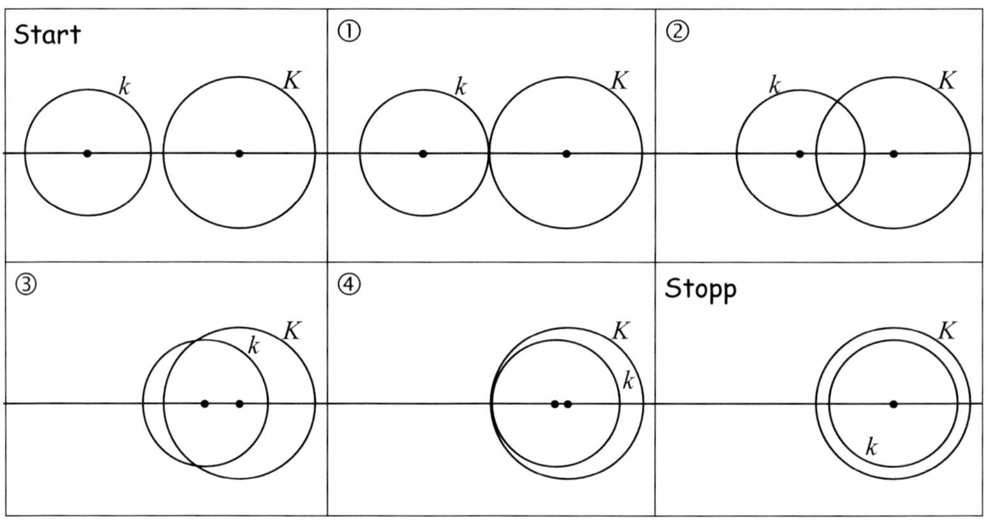

56. ---

Winkel

57. Winkel sind: ①②④(rechter Winkel), ⑥(gestreckter Winkel), ⑦⑧⑨ (Vollwinkel).

58. a) $\alpha \approx 60°$ b) $\beta \approx 36°$ c) $\gamma \approx 135°$ d) $\delta \approx 100°$ e) $\varepsilon \approx 75°$ f) $\varphi \approx 168°$

59.

spitzer Winkel	rechter Winkel	stumpfer Winkel
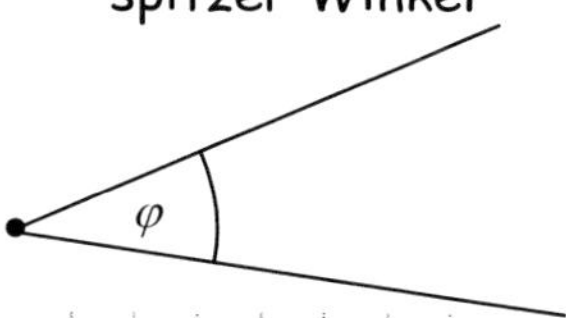	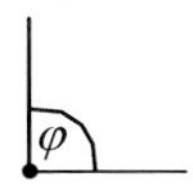	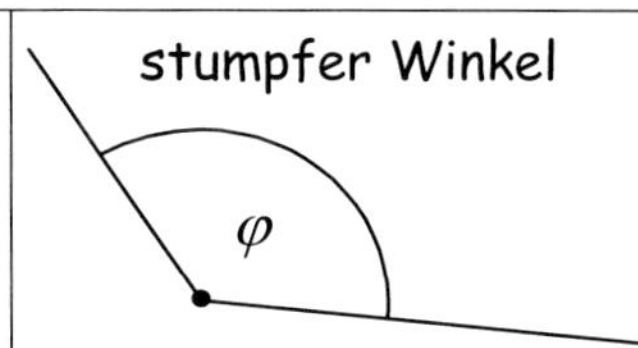
$0° < \varphi < 90°$	$\varphi = 90°$	$90° < \varphi < 180°$
gestreckter Winkel	**überstumpfer Winkel**	**voller Winkel**
	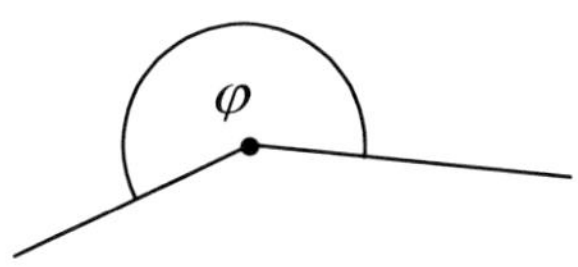	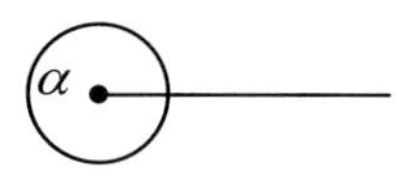
$\varphi = 180°$	$180° < \varphi < 360°$	$\varphi = 360°$

60. a)

α	β	γ	δ
30°	150°	30°	150°

b) Die Geraden müssen zueinander senkrecht stehen. Jeder Winkel hat das Maß 90°.

61.

	α	β	γ	δ	ε
Typ	stumpf	spitz	stumpf	stumpf	spitz
Maß	100°	55°	95°	110°	87°

62. a)/b)

	α	β	γ
Schätzwert	--	--	--
Messwert	50°	22°	108°
Summe	$\alpha + \beta + \gamma = 180°$		

c) 45° - 90° - 45°. Winkelsumme 180°.

63. a) ---

b) Zusammenhänge: $\alpha = \beta = \gamma$

$\alpha + \delta = 180°$

$\varepsilon = 2 \cdot \alpha$

64. a)

b)

α	β	γ	δ
250°	270°	305°	233°

65. a)

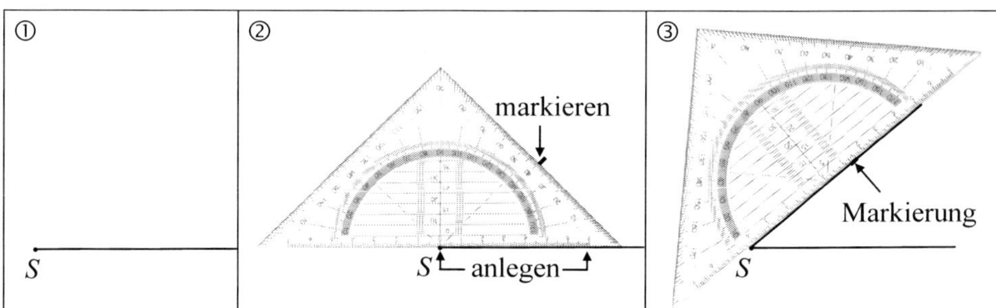

①	②	③
Den 1. Schenkel zeichnen.	Grundlinie des Geodreiecks an den 1. Schenkel, 0 an S. Winkelmaß markieren.	Den Strahl durch die Markierung mit Anfangspunkt S zeichnen.

b) • $\alpha = 18°$ • $\alpha = 75°$ • $\alpha = 100°$ • $\alpha = 240°$

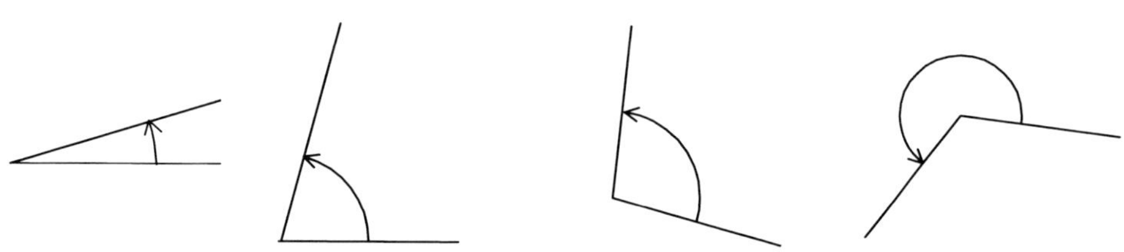

c) ---

66. • Wurzel trägt das Winkelmaß gegen den Uhrzeigersinn an, Silvester im Uhrzeigersinn. Beide Lösungen sind korrekt.

• Mit der einen Skala trägt man Winkelmaße im Uhrzeigersinn an, mit der anderen gegen den Uhrzeigersinn.

67. a) / b)

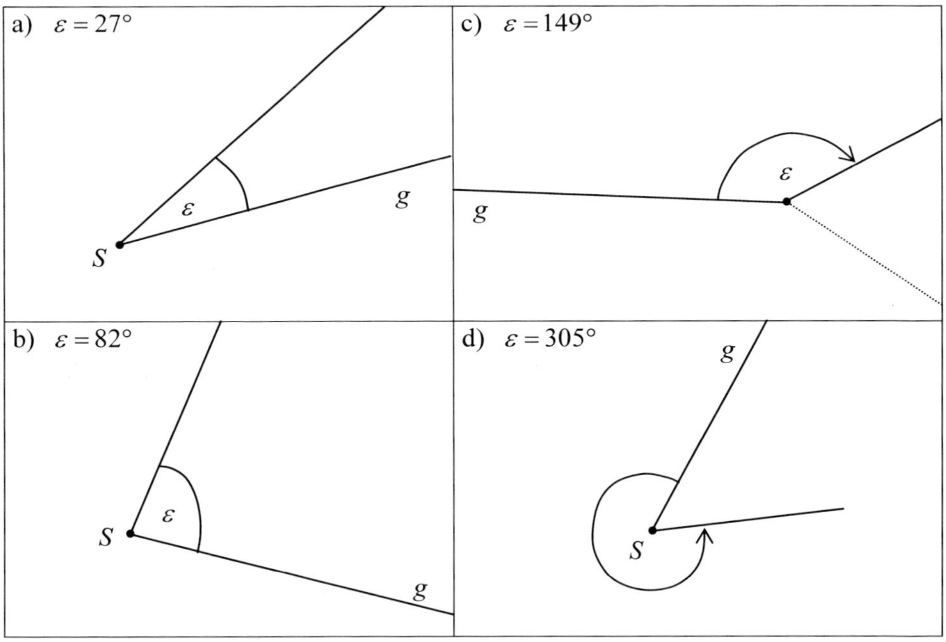

68. a) $\gamma = 90°$

b) $\gamma = 60°$

69. a) Maß des **Mittelpunktswinkels**: 60°

b)

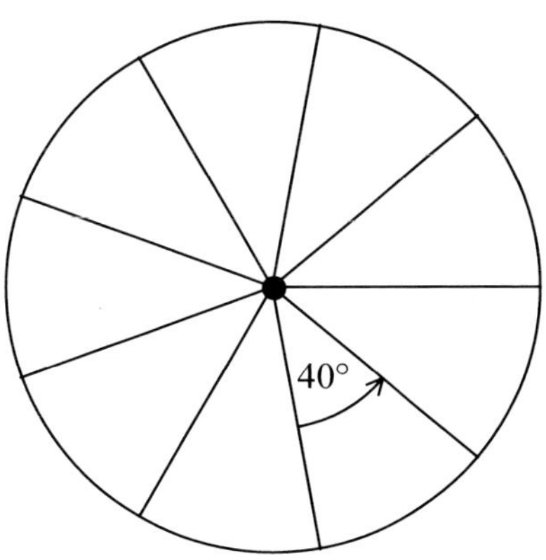

70. a) Es ist ein Mittelpunktswinkel von 72° zu wählen.

b) Siehe rechts.

c) Maße der Winkel in den Sternspitzen: 36°

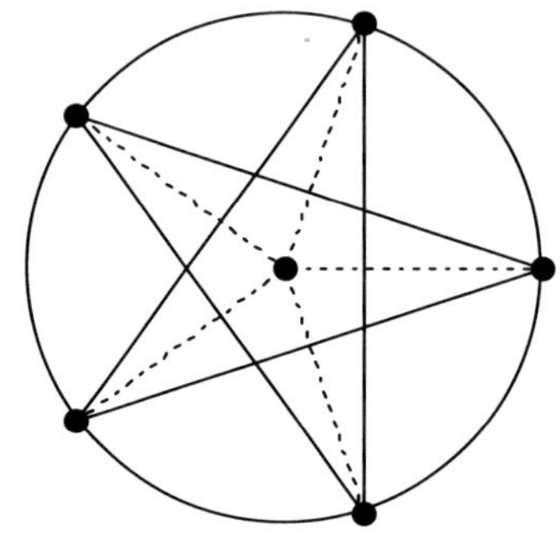

71. a)

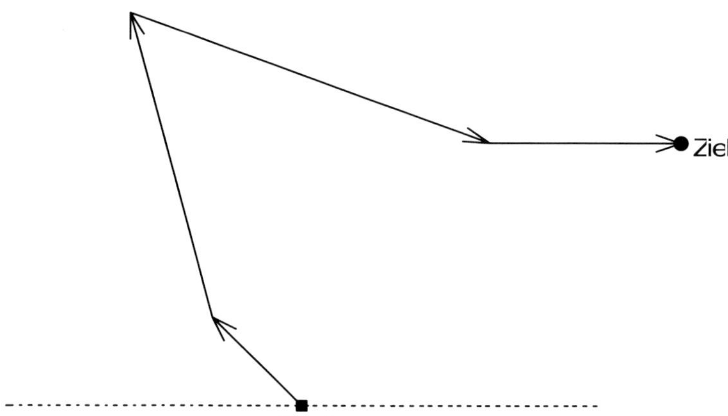

b) Das Schiff legt einen Weg von insgesamt 160 km zurück und fährt auf der letzten Wegstrecke nach Osten. Start- und Zielpunkt sind etwa 73 km voneinander entfernt.

72. a) $\alpha = 30°$, $\beta = 6°$

b) In einer halben Stunde überstreicht der große Zeiger einen Winkel von 180°, der kleine Zeiger einen Winkel von 15°.

c)

Zeitspanne	1 h	6 min	10 min	4h 20min	7h 42min
Winkelmaß φ	30°	3°	5°	130°	231°

d)

Uhrzeit	2.00 Uhr	10.30 Uhr	18.20 Uhr	21.10 Uhr	12.06 Uhr
Winkelmaß	60°	135°	70°	145°	33°

e) ⑤

Rechteck

73. a)

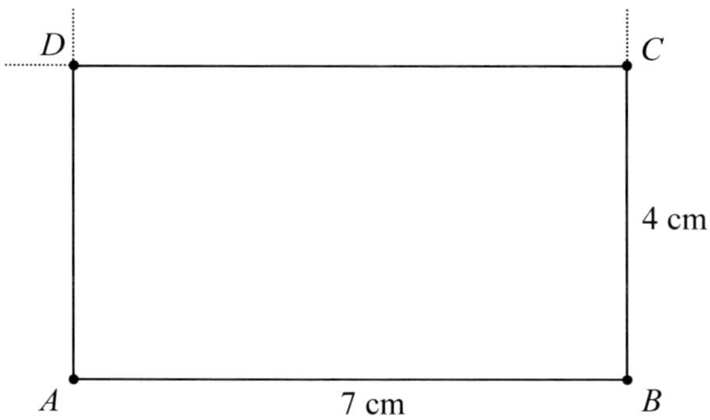

b)

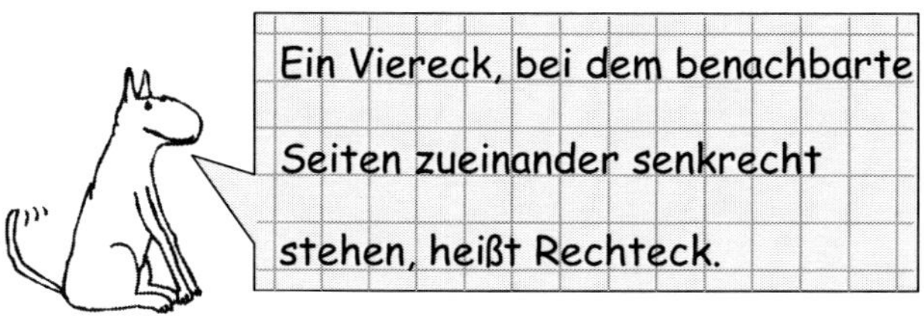

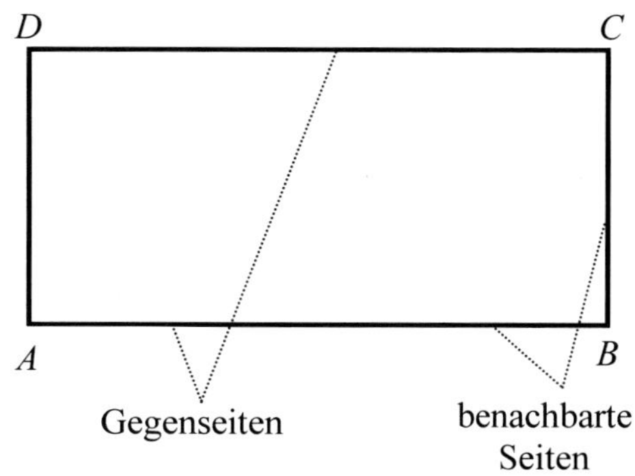

74. a)

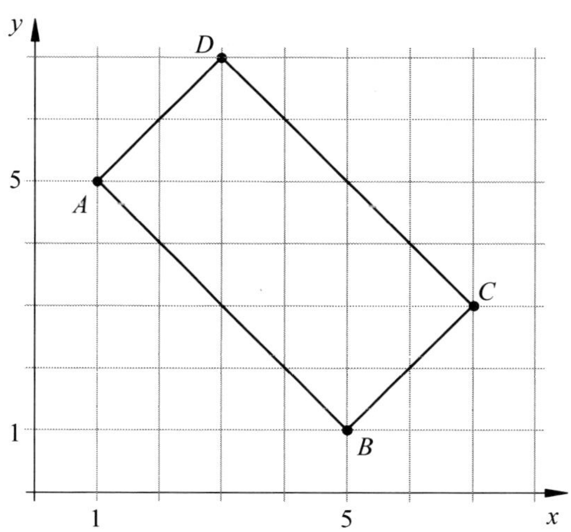

Rechteck

b)

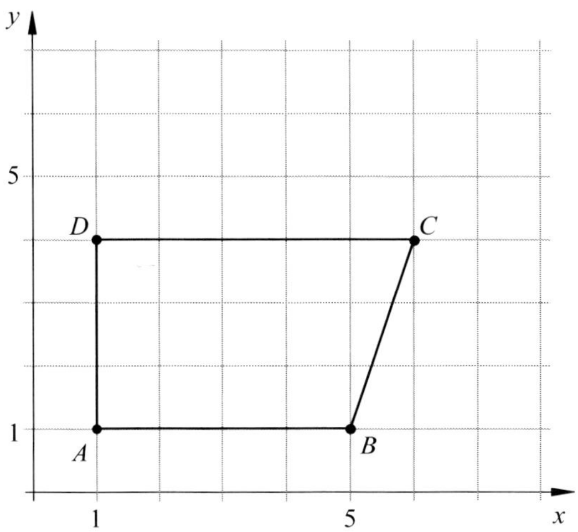

kein Rechteck

c)

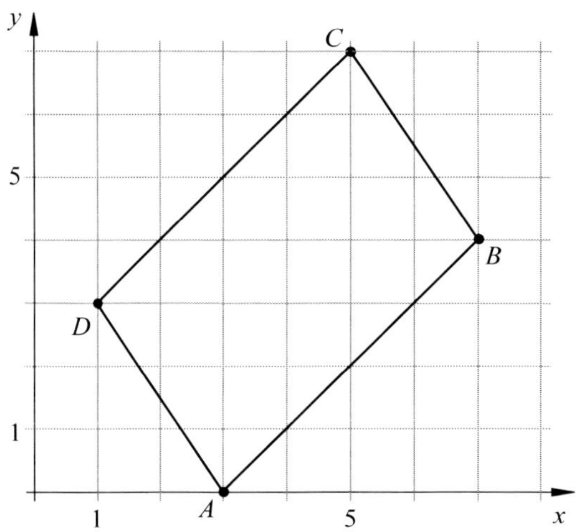

kein Rechteck

d)

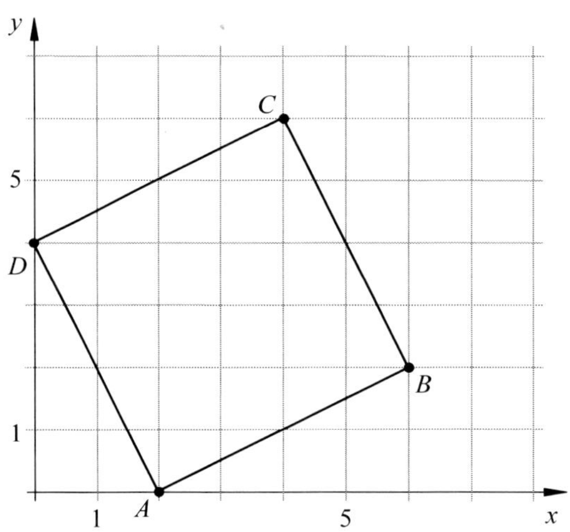

Rechteck

75. a) Die Gegenseiten sind parallel und gleich lang.

b) Die Diagonalen sind gleich lang.

c) Die Diagonalen schneiden sich jeweils in ihrem Mittelpunkt *M*. *M* ist also von *A* und *C* gleich weit entfernt und von *B* und *D* gleich weit entfernt. Da die Diagonalen auch gleich lang sind, ist *M* von allen Eckpunkten des Rechtecks gleich weit entfernt. Also gibt es einen Kreis um *M*, der durch die vier Eckpunkte geht.

d) Im Rechteck sind

- die Gegenseiten parallel und gleich lang,
- die Diagonalen gleich lang.

Das Rechteck hat einen Umkreis.

76. a)

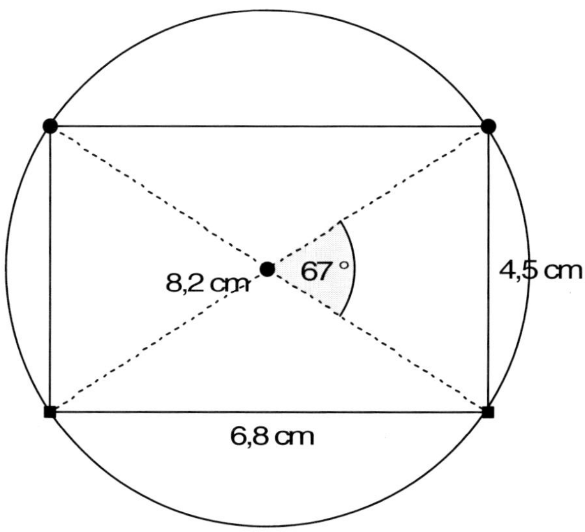

b) Ich zeichne ein Rechteck mit den Seitenlängen 47 mm und 32 mm.
Ich zeichne die Diagonalen; sie schneiden sich im Punkt *M*.
Der Kreis um *M* durch einen Eckpunkt ist der Umkreis des Rechtecks.

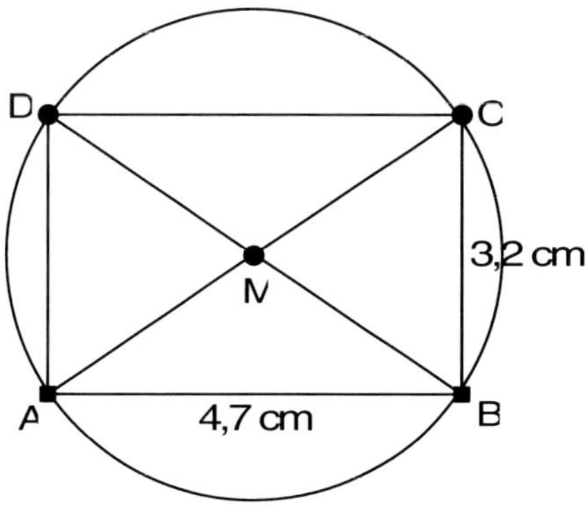

77. a) $2 \cdot 30\text{m} + 2 \cdot 15\text{m} = 60\text{m} + 30\text{m} = 90\text{ m}$

b) $U = a + b + a + b = 2 \cdot a + 2 \cdot b$

c) $U = 2 \cdot (a + b) \underset{\uparrow}{=} 2 \cdot a + 2 \cdot b$. Wurzels Formel stimmt.
Ausmultiplizieren

d) $U = 2 \cdot (a + b)$
$= 2 \cdot (7\,\text{m} + 4\,\text{m})$
$= 2 \cdot 11\,\text{m}$
$= 22\,\text{m}$

e) ① $U = 28\,\text{cm}$ ③ $U = 86\,\text{dm}$
② $U = 400\,\text{m}$ ④ $U = 13\,700\,\text{m}$

78. a)

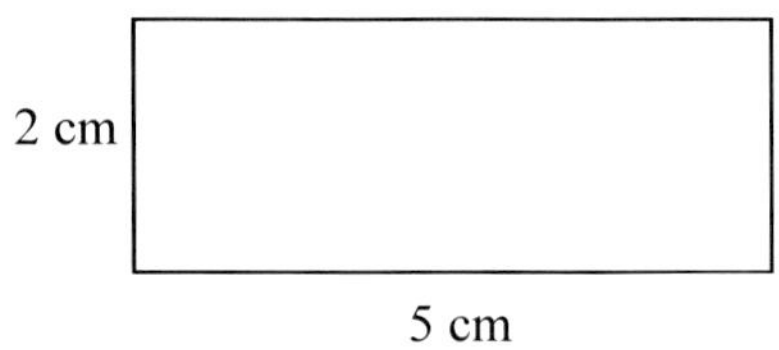

b) Die gewählte Seitenlänge ist zu lang, weil ihr Doppeltes bereits größer als 14 cm ist.

c) Weitere mögliche Maße:

a	1 cm	3 cm	0,5	3,5 cm
b	6 cm	4 cm	6,5	3,5 cm
U	**14 cm**	**14 cm**	**14 cm**	**14 cm**

d) Es entsteht ein Quadrat.

79. a) Man schreibt die Formel zur Berechnung des Umfangs hin – mit vertauschten Seiten. Dann setzt man die gegebenen Größen ein. Es entsteht eine Gleichung, die man nach der gesuchten Variablen auflöst.

b)

	①	②	③	④
U	36 m	42 cm	8,6 km	6 cm 8 mm
a	6 m	14 cm	1,5 km	17 mm
b	12 m	7 cm	2,8 km	17 mm

80. Rechnung: $U = 2 \cdot (38\,\text{m} + 65\,\text{m}) = 206\,\text{m}$
$206\,\text{m} - 6\,\text{m} = 200\,\text{m}$
Kosten: $200 \cdot 16\,€ = 3\,200\,€$

Antwort: Der Zaun kostet $3\,200\,€$.

81. a) ---

b) Es werden $18+10+18+10=56$ Fichten benötigt.

82. Umfang des **inneren** Rechtecks:

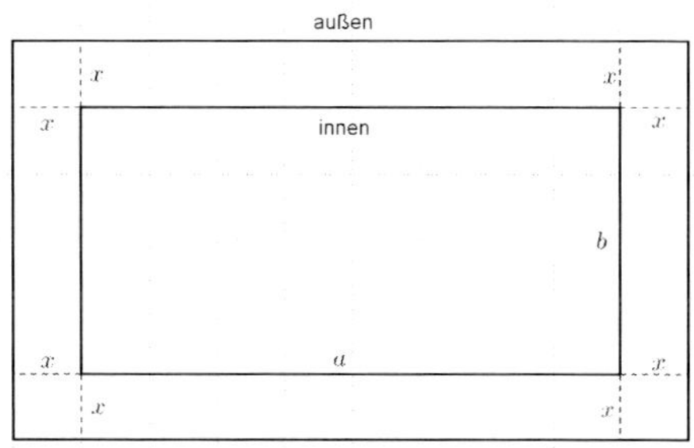

$U_i = 2\cdot(a+b)$

Umfang des **äußeren** Rechtecks:

$$\begin{aligned} U_a &= 2\cdot(a+2\cdot x)+2\cdot(b+2\cdot x) \\ &= 2a+4x+2b+4x \\ &= 2\cdot(a+b)+8x \end{aligned}$$

Der äußere Umfang ist um 10m länger als der innere Umfang:

$$\begin{aligned} U_a &= U_i + 10 \\ 2\cdot(a+b)+8x &= 2\cdot(a+b)+10 \quad &&|-2\cdot(a+b) \\ 8x &= 10 &&|:8 \\ x &= 1,25 \end{aligned}$$

Antwort:

Der Weg ist 1,25m breit.

83.

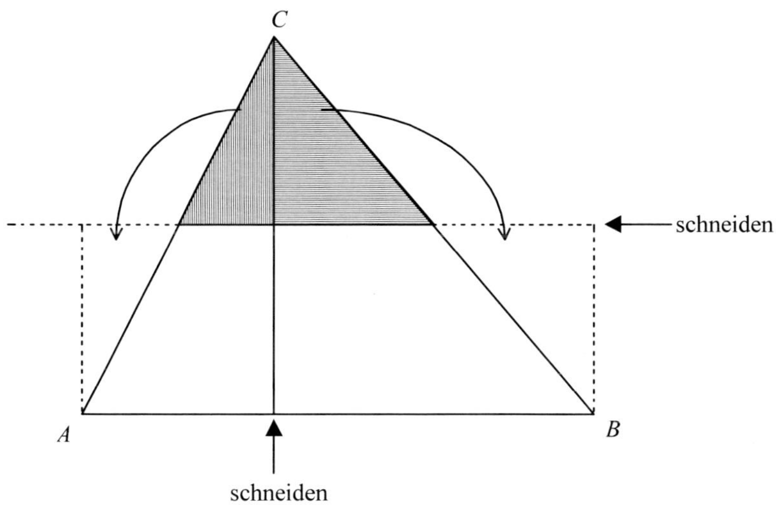

Quadrat

84. a)

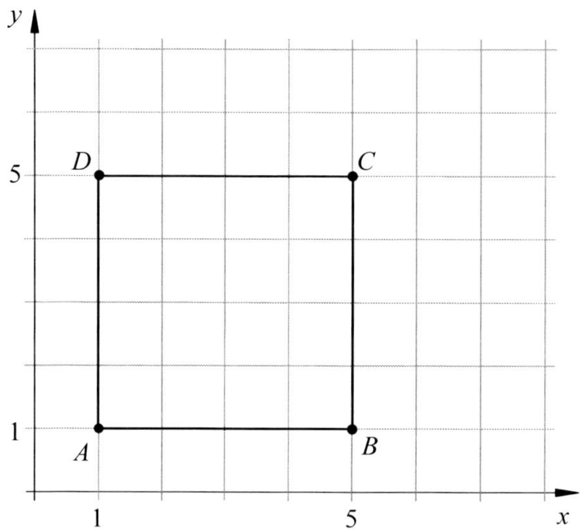

Quadrat

b)

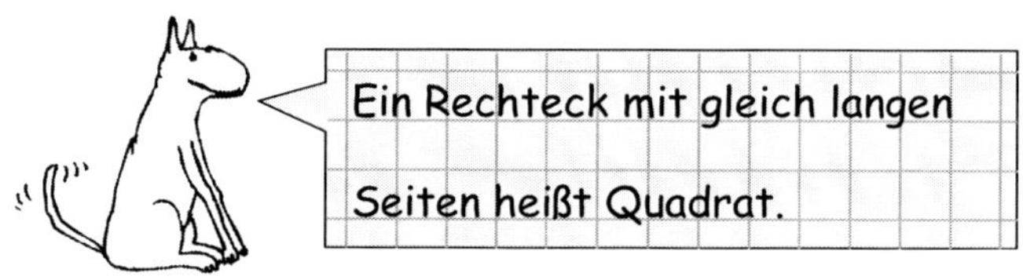

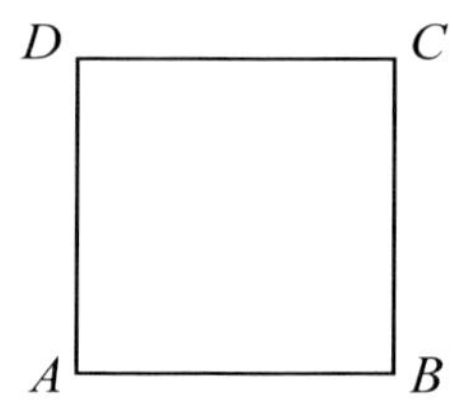

c) $U = 4 \cdot |\overline{AB}| = 4 \cdot 4\,\text{cm} = 16\,\text{cm}$

85. a)

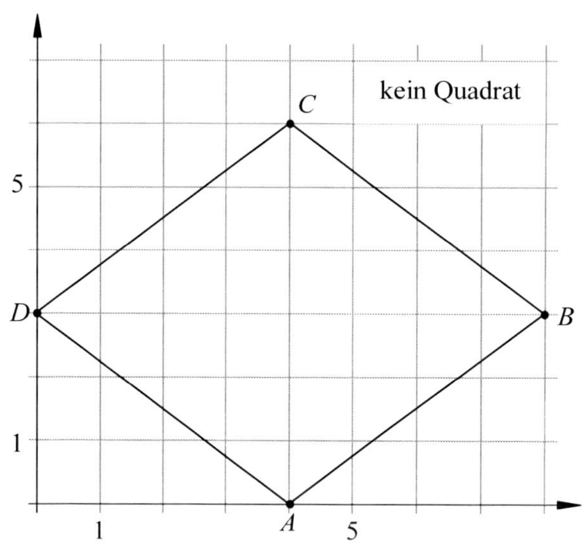

b)

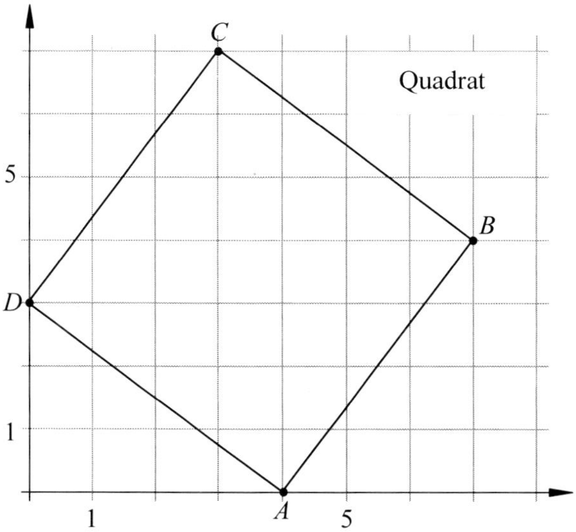

86. a) Konstruktionsbeschreibung:

- Ich zeichne eine Strecke $\overline{AB}$ der Länge 5 cm.
- In B errichte ich die Senkrechte zu $\overline{AB}$. Auf dieser Senkrechten trage ich (mit dem Zirkel) eine Strecke von 5 cm ab und erhalte den Punkt C.
- Ich zeichne die Senkrechte zu $\overline{AB}$ durch A und die Senkrechte zu $\overline{BC}$ durch C. Die beiden Senkrechten schneiden sich im Punkt D.

b) $|\overline{AC}| = |\overline{BD}| \approx 7{,}1\,\text{cm}$

c) Die Diagonalen eines Quadrates sind gleich lang, halbieren sich und stehen zueinander senkrecht.

87. a)

a	12 m	4,5 km	6,25 m
U	48 m	18 km	25 m

b)

U	140 m	9,6 km	27 cm 2 mm
a	35 m	2,4 km	68 mm

88. 64 cm

89. r – f – f – r – f – r – r – f

90. $8 \cdot 12\,\text{cm} = 96\,\text{cm}$

91. ④

92.

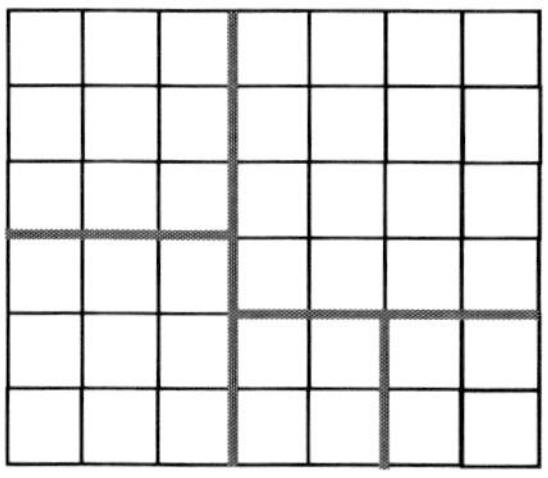

93. a) Es entsteht ein Quadrat.

b)

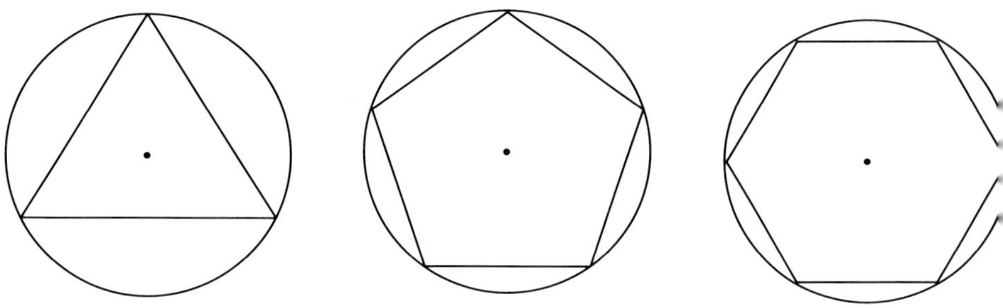

c) Die Seitenlängen und die Winkel sind gleich groß. Dir Figuren sind also regelmäßig.

94. a) (A)

b) ---

Kreisumfang

95.

Durchmesser d / cm	Umfang U / cm	U : d (auf 2 Dezimalen gerundet)
6	18,8	3,13
8	25,1	3,14
10	31,4	3,14
12	37,7	3,14
14	44,0	3,14
16	50,3	3,14
18	56,5	3,14
20	62,8	3,14

Auswertung: Für alle Kreise ist U : d dieselbe Zahl.

Sie wird mit π bezeichnet.

Mittelwert des Quotienten U : d ≈ 3,14.

Also: Ein Kreis mit Durchmesser d hat den **Umfang 3,14 · d**.

Umfang eines Kreises mit dem Radius r: $U = 2 \cdot \pi \cdot r$.

Die Zahl π (pi) heißt Kreiszahl.

Näherungswert: $\pi \approx 3{,}14$.

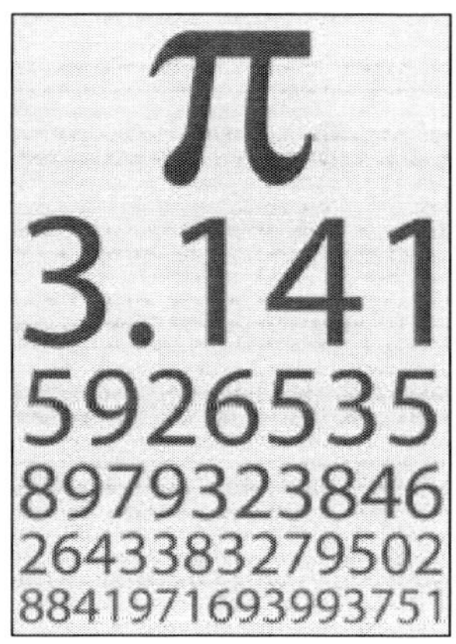

96. a) r = 18 cm

$U = 2 \cdot \pi \cdot r \approx 2 \cdot 3{,}14 \cdot 18\text{ cm}$

$= 3{,}14 \cdot 36\text{ cm} = 113{,}04\text{ cm}$

NR:

3,	1	4	·	3	6	
		9	4	2		
			1	8	8	4
			1	1		
		1	1	3,	0	4

b) $U \approx 6{,}28\,\text{m}$ c) $U \approx 270\,\text{cm}$ d) $U \approx 220\,\text{mm}$ e) $U \approx 40\,000\,\text{km}$

97. a) Man schreibt die Formel zur Berechnung des Umfangs hin – mit vertauschten Seiten. Dann setzt man die gegebenen Größen ein. Es entsteht eine Gleichung, die man nach der gesuchten Variablen auflöst. Das Multiplizieren beider Seiten mit 100 dient dazu, dass das Komma verschwindet.

b) a) $d = 3\,\text{m}$ b) $d = 25\,\text{cm}$ c) $d = 4500\,\text{m}$

98. a) Länge des Halbkreisbogens: 16 cm

Länge des Viertelkreisbogens: 8 cm

b) $U_{\text{Halbkreis}} = 26{,}2\,\text{cm}$

$U_{\text{Viertelkreis}} = 18{,}2\,\text{cm}$

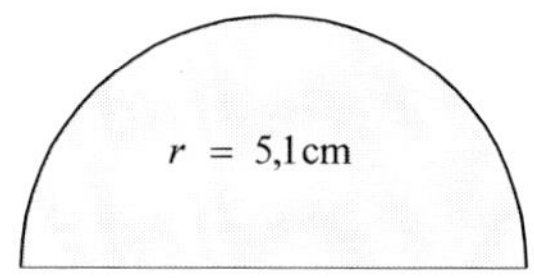

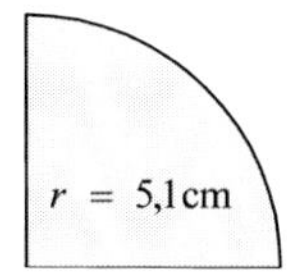

99. a) $U = 2 \cdot 100\,\text{m} + 3{,}14 \cdot 64\,\text{m} = 400{,}96\,\text{m} \approx 401\,\text{m}$

b) $U = 2 \cdot (2 \cdot 7\,\text{cm} \cdot 3{,}14) : 4 = 21{,}98\,\text{cm} \approx 22\,\text{cm}$

c) $U = 20\,\text{m} \cdot 3{,}14 : 2 \; + \; 10\,\text{m} \cdot 3{,}14 = 62{,}8\,\text{m}$

d) $U = 3{,}5\,\text{m} \cdot 3{,}14 : 2 + 1{,}5\,\text{m} \; + \; 1\,\text{m} \cdot 2 \cdot 3{,}14 : 2 = 10{,}135\,\text{m} \approx 10\,\text{m}$

e) $U = 2 \cdot$ Länge des Sechstelkreisbogens mit Radius 8cm

$+ \; 4 \cdot$ Länge des Sechstelkreisbogens mit Radius 4cm

$= 2 \cdot (2 \cdot 3{,}14 \cdot 8\,\text{cm} : 6) \; + \; 4 \cdot (2 \cdot 3{,}14 \cdot 4\,\text{cm} : 6)$

$\approx 33{,}5\,\text{cm}$

100. Rechnung: Der Dosenumfang beträgt 31,4 cm.

Wicklungszahl: 2200 mm : 314 mm = 7 Rest 2 mm

Antwort: Philipp erhält 7 Wicklungen.

101. a) $150 \cdot 10^6\,\text{km} \cdot 2 \cdot 3{,}14 \; = \; 9{,}42 \cdot 10^8\,\text{km}$

b) 1 Jahr = 31536000 s

Je Sekunde zurückgelegter Weg: 942 000 000 km : 31536000 ≈ 29,9 km.

c) Geschwindigkeit der Erde: rund 30 km/s.

102. a) / b) $d = |\overline{AC}| = 7\,\text{cm}$

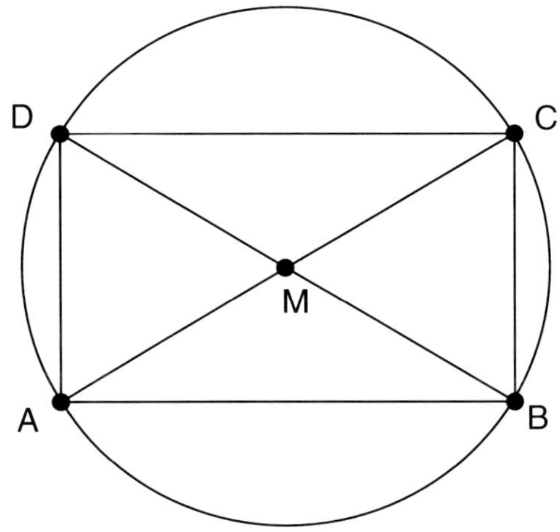

c) $U_{\text{Rechteck}} = 2 \cdot (6\,\text{cm} + 3,6\,\text{cm}) = 19,2\,\text{cm}$

$U_{\text{Umkreis}} = \pi \cdot 7\,\text{cm} = 3,14 \cdot 7\,\text{cm} = 21,98\,\text{cm}$

103. ---

104. a) Rund 80 cm (79,6cm)

b) 10 km

c) 31200 Umdrehungen

d) 78 $\frac{\text{km}}{\text{h}}$

e) 6 Umdrehungen pro Sekunde

6

Bruchteile

Teile eines Ganzen

1. a) Silvester gibt 36 € : 3 = 12 € für Kleidung und 36 € : 4 = 9 € für Süßigkeiten aus.

b) 12 € + 9 € = 21 € > 18 €. Es bleibt weniger als die Hälfte übrig, Silvesters Aussage ist falsch.

2.

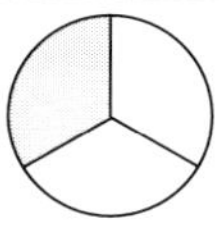	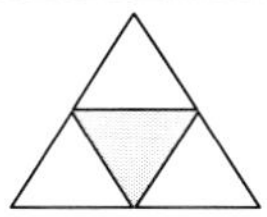	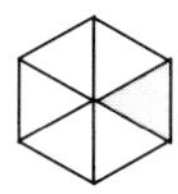	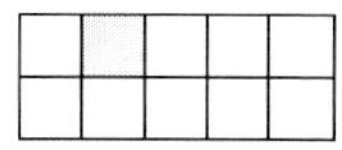
ein Drittel $\frac{1}{3}$	ein Viertel $\frac{1}{4}$	ein Sechstel $\frac{1}{6}$	ein Zehntel $\frac{1}{10}$

3. a)

... die Hälfte der Klasse? 12	... $\frac{1}{8}$ der Klasse? 3
... ein Drittel der Klasse? 8	... $\frac{1}{12}$ der Klasse? 2

b)

$\frac{1}{4}$ von 24 Schülern = 6 Schüler	$\frac{1}{3}$ von 135 = 45
$\frac{1}{5}$ von 60 Gästen = 12 Gäste	$\frac{1}{8}$ von 1000 = 125
$\frac{1}{6}$ von 540 Zuschauern = 90 Z.	$\frac{1}{12}$ von 360 = 30

4. b) 1 Stück = $\frac{1}{9}$ der Pizza

c) 5 Stücke = $\frac{5}{9}$ der Pizza

d) 4 Stücke = $\frac{4}{9}$ der Pizza

a) / c)

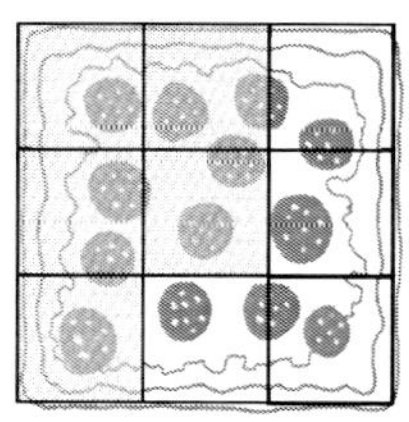

5. a) Wurzel teilt die Tafel in 12 gleich große Stücke und gibt Silvester 7 davon. Anteil: $\frac{7}{12}$.

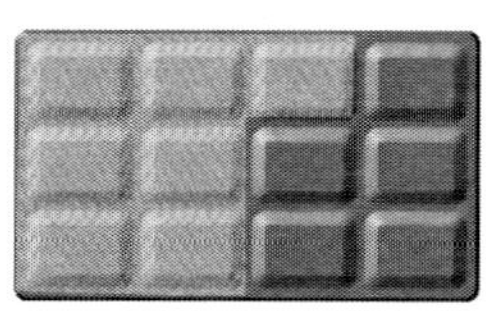

b) Wurzels Anteil: $\frac{1}{4}$ (oder $\frac{3}{12}$) | Silvesters Anteil: $\frac{3}{4}$ (oder $\frac{9}{12}$)

Das Zeichen $\frac{a}{b}$ heißt Bruch mit Zähler a und Nenner b.

$\frac{a}{b}$ eines Ganzen bedeutet:

Teile das Ganze in b gleich große Stücke und nimm a davon.

6.

a) 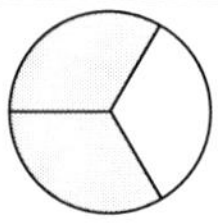 dunkel: $\frac{2}{3}$ hell: $\frac{1}{3}$	b) 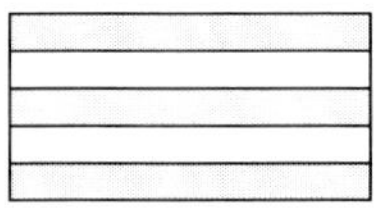 dunkel: $\frac{3}{5}$ hell: $\frac{2}{5}$	c) 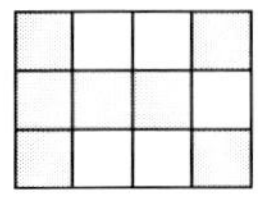 dunkel: $\frac{7}{12}$ hell: $\frac{5}{12}$
d) 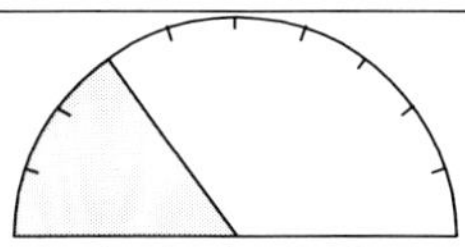 dunkel: $\frac{3}{10}$ hell: $\frac{7}{10}$	e) 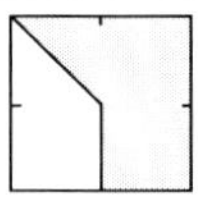 dunkel: $\frac{5}{8}$ hell: $\frac{3}{8}$	f) 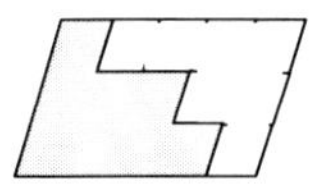 dunkel: $\frac{8}{15}$ hell: $\frac{7}{15}$

7.

$\frac{4}{7}$ der Fläche

$\frac{3}{4}$ der Fläche

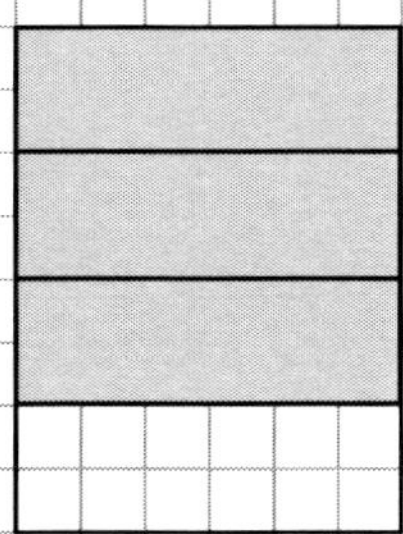

$\frac{3}{8}$ der Fläche

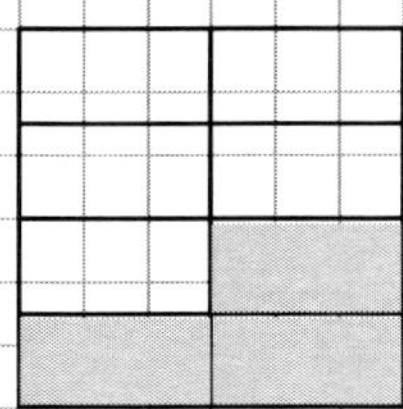

$\frac{7}{10}$ der Fläche

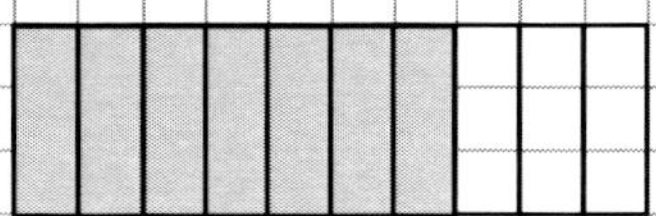

$\frac{2}{3}$ der Fläche

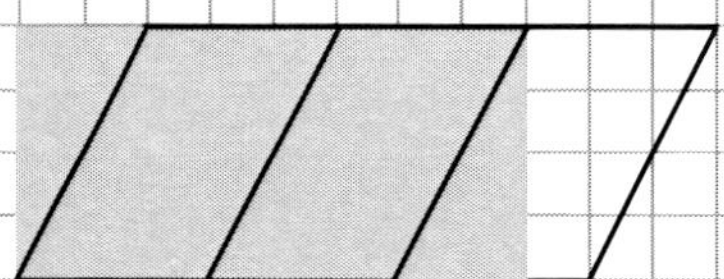

$\frac{7}{9}$ der Fläche

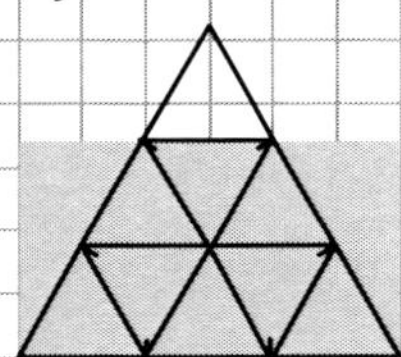

8. Fehler:

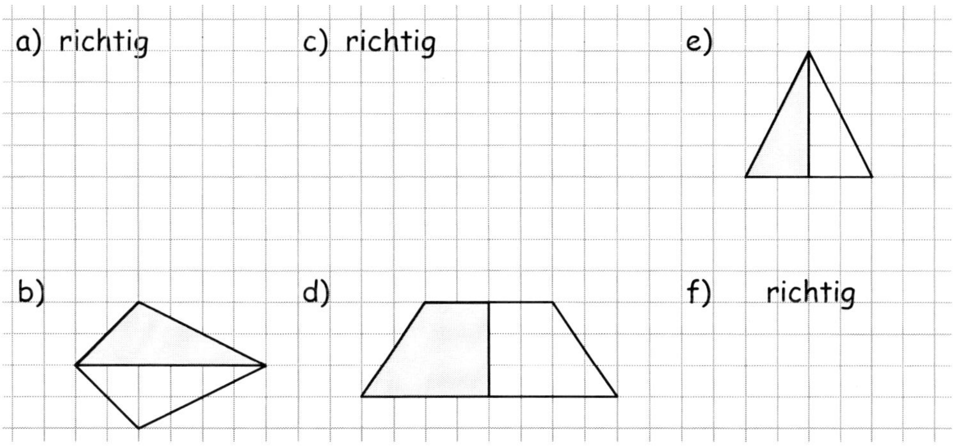

9. a)

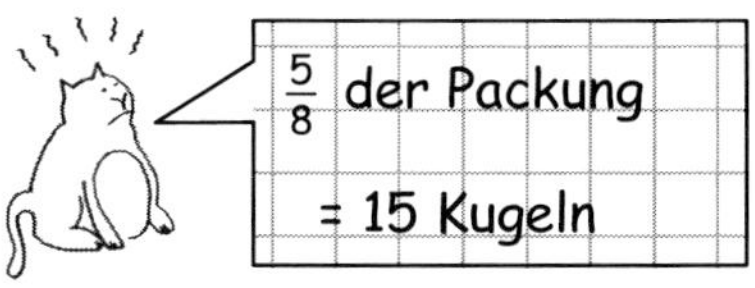

b)

Zwei Drittel der Packung = 16 Kugeln	$\frac{7}{8}$ der Packung = 21 Kugeln
Drei Viertel der Packung = 18 Kugeln	$\frac{7}{12}$ der Packung = 14 Kugeln
$\frac{5}{6}$ der Packung = 20 Kugeln	$\frac{11}{24}$ der Packung = 11 Kugeln

10.

a) $\frac{2}{3}$ von 36 = 24	d) $\frac{5}{6}$ von 60 = 50	g) $\frac{3}{10}$ von 250 = 75
b) $\frac{3}{4}$ von 4 = 3	e) $\frac{4}{7}$ von 630 = 360	h) $\frac{2}{9}$ von 360 = 80
c) $\frac{3}{5}$ von 100 = 60	f) $\frac{7}{8}$ von 240 = 210	i) $\frac{5}{11}$ von 770 = 350

11. a) $\frac{2}{5}$ von 360° = 144°

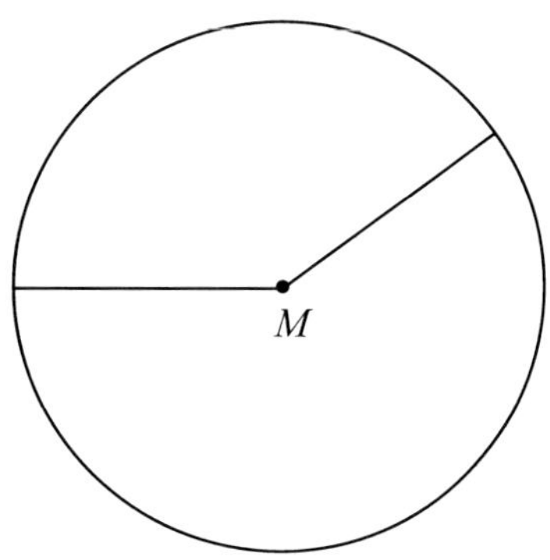

b)

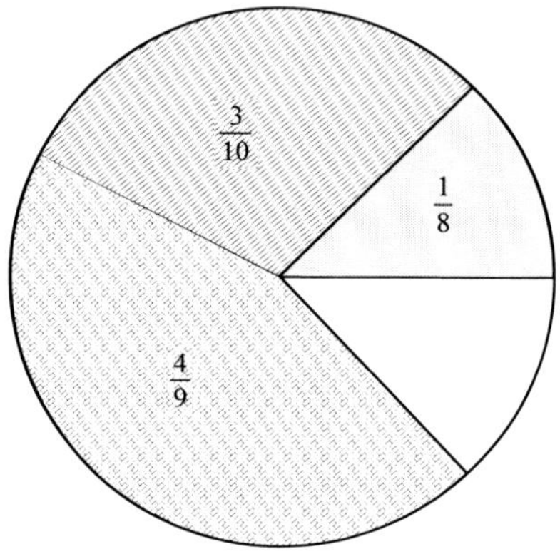

12. a) $360° : 15 = 24°$

b) 4 Stücke = $\frac{4}{15}$ der Torte

oder: 4 Stücke = $\frac{4}{15}$ von 15 Stücken

c) 1 Stück = $\frac{1}{15}$ von 15 Stücken

7 Stücke = $\frac{7}{15}$ von 15 Stücken

Wie viele Stücke bleiben übrig? 3 Stücke

d) Beide haben Recht, denn $(15:5)\cdot 1 = 3$ und $(15:15)\cdot 3 = 3$.

13. a) 5 Katzen = $\frac{5}{8}$ von 8 Katzen, denn $8 : 8 \cdot 5 = 1 \cdot 5 = 5$.

b) $(b:b)\cdot a = 1\cdot a = a$. Wurzels Aussage ist richtig.

c)

3 = $\frac{3}{5}$ von 5	5 = $\frac{5}{7}$ von 7	2 = $\frac{2}{13}$ von 13	11 = $\frac{11}{60}$ von 60

c) Beide Aussagen sind richtig.

14. a) Du rechnest im Kopf:

$24 \xrightarrow{:6} 4 \xrightarrow{\cdot 5} 20$

$\frac{5}{6}$ von 24 = 20

b) Drehe die Rechnung von a) um:

$27 \xleftarrow{\cdot 3} 9 \xleftarrow{:2} 18$

$\frac{2}{3}$ von ? = 18 Schüler

In der Klasse sind 27 Schüler.

c) $15 \xrightarrow{:3} 5 \xrightarrow{\cdot 5} 25$

d) $7200 \xrightarrow{:3} 2400 \xrightarrow{\cdot 20} 48000$

15. a) $\frac{1}{6}$ Sirup, $\frac{5}{6}$ Wasser.

b) Mischungsverhältnis 2 zu 9.

c) Wurzels Limonade enthält einen höheren Sirup-Anteil.

16. a) $3 \cdot 4 = 12$ Stücke insgesamt, davon $\frac{1}{4}$ ergibt 3 Viertel-Stücke, also $\frac{3}{4}$ Pizza.

b) $4 \cdot 3 = 12$ Stücke insgesamt, davon $\frac{1}{4}$ ergibt 4 Drittel-Stücke, also $\frac{4}{3}$ Pizza.

Wurzel hat Recht, denn $1\frac{1}{3} = 1 + \frac{1}{3} = \frac{3}{3} + \frac{1}{3} = \frac{4}{3}$. (1 ganze Pizza = 3 Drittel)

c)
- $\frac{1}{5}$ von 4 Pizzen = $\frac{4}{5}$ Pizza
- $\frac{2}{5}$ von 4 Pizzen = $\frac{8}{5}$ Pizza

17.

$\frac{3}{2}$ Pizza = $1\frac{1}{2}$ Pizza 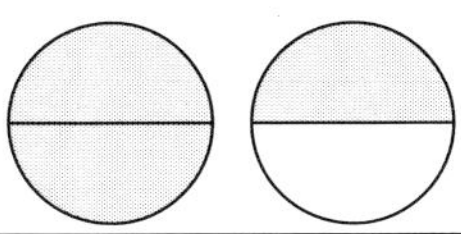	$\frac{8}{5}$ Pizza = $1\frac{3}{5}$ Pizza 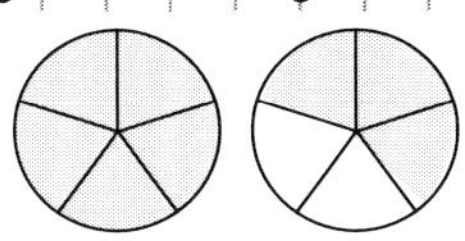	$\frac{7}{3}$ Pizza = $2\frac{1}{3}$ Pizzen 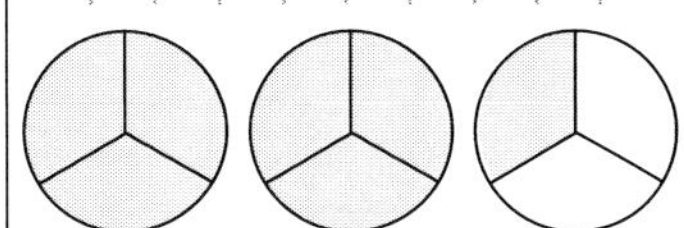
$\frac{7}{4}$ Pizza = $1\frac{3}{4}$ Pizza 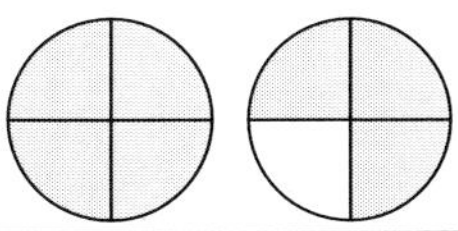	$\frac{11}{8}$ Pizza = $1\frac{3}{8}$ Pizza 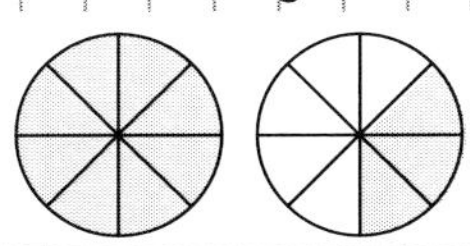	$\frac{6}{6}$ Pizza = 1 ganze Pizza 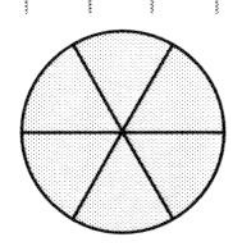

18. a) / b)

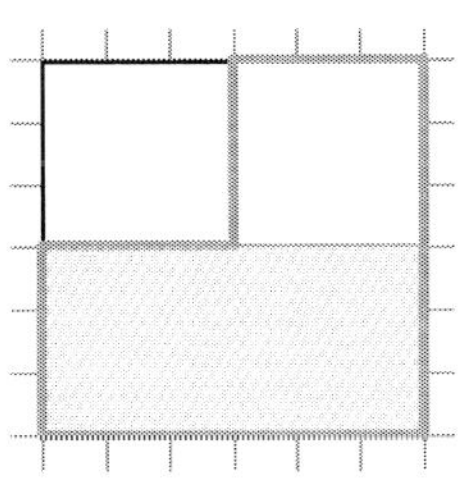

$\frac{2}{3}$ des Pizzastücks = $\frac{2}{3}$ von $\frac{3}{4}$ der ganzen Pizza

= $\frac{1}{2}$ der Pizza

c) $\frac{1}{2}$ von $\frac{3}{4}$ der ganzen Pizza = $\frac{3}{8}$ der Pizza.

Bruchteile von Größen

19. a) Silvester teilt die 10 2-€-Stücke in fünf gleich große Teilbeträge (je $2 \times 2\,€$) und nimmt dann drei davon: $3 \times 4\,€ = 12\,€$.

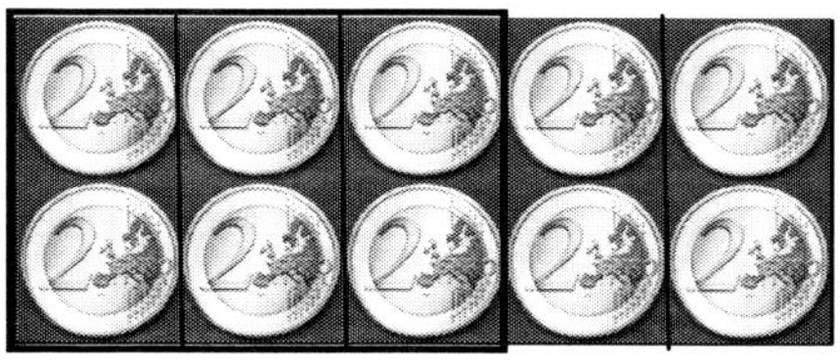

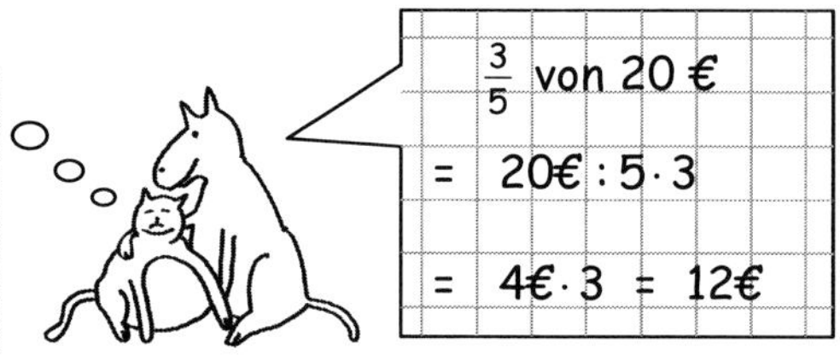

b)

$\frac{3}{4}$ von 20 € = 15 €	$\frac{7}{10}$ von 20 € = 14 €	$\frac{1}{20}$ von 20 € = 1 €

20.

28m $\xrightarrow{:4}$ 7m $\xrightarrow{\cdot 3}$ 21m

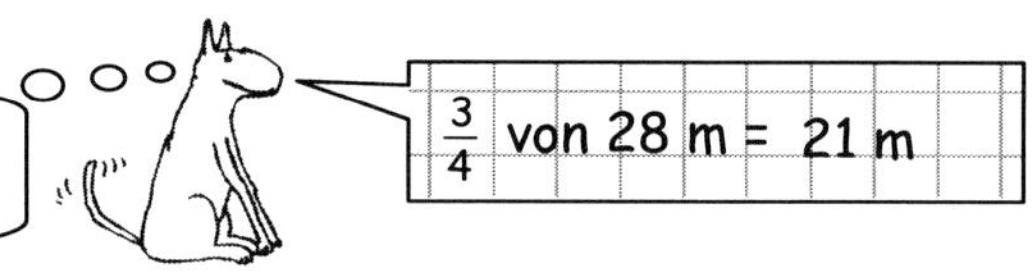

a) $\frac{2}{3}$ von 42 s = 28 s	d) $\frac{3}{2}$ von 50 m = 75 m	g) $\frac{7}{8}$ von 128 € = 112 €
b) $\frac{3}{4}$ von 80 g = 60 g	e) $\frac{4}{5}$ von 100 kg = 80 kg	h) $\frac{3}{10}$ von 720 t = 216 t
c) $\frac{1}{3}$ von 12 h = 4 h	f) $\frac{5}{4}$ von 100 kg =125 kg	i) $\frac{4}{9}$ von 1440 ℓ = 640 ℓ

21. a) $\frac{12}{40}$ von 40 € = (40 € : 40) · 12 = 1 € · 12 = 12 €.

$\frac{3}{10}$ von 40 € = (40€ : 10) · 3 = 4 € · 3 = 12 €.

Beide haben Recht.

b)

3 m = $\frac{3}{10}$ von 10 m	23 s = $\frac{23}{60}$ von 60 s	5 t = $\frac{5}{2}$ von 2 t
18 € = $\frac{9}{50}$ von 100 €	9 h = $\frac{3}{8}$ von 24 h	10 km = $\frac{10}{3}$ von 3 km

22. a) 24 km. b) (30 km · 5) : 2 = 150 km : 2 = 75 km.

23. a)

$\frac{1}{6}$ h = $\frac{1}{6}$ **von 1 h**	$\frac{1}{5}$ m = $\frac{1}{5}$ **von 1 m**	$\frac{1}{8}$ kg = $\frac{1}{8}$ von 1 kg
= $\frac{1}{6}$ von 60 min	= $\frac{1}{5}$ von 100 cm	= $\frac{1}{8}$ von 1000 g
= 10 min	= 20 cm	= 125 g

b)

m ⟶ cm	kg ⟶ g	h ⟶ min	d ⟶ h
$\frac{1}{4}$ m = 25 cm	$\frac{1}{2}$ kg = 500 g	$\frac{1}{3}$ h = 20 min	$\frac{1}{3}$ d = 8 h
$\frac{1}{10}$ m = 10 cm	$\frac{1}{5}$ kg = 200 g	$\frac{1}{10}$ h = 6 min	$\frac{1}{4}$ d = 6 h
$\frac{1}{20}$ m = 5 cm	$\frac{1}{25}$ kg = 40 g	$\frac{1}{15}$ h = 4 min	$\frac{1}{8}$ d = 3 h

24. a)

$\frac{3}{4}$ € = $\frac{3}{4}$ von 100c
= 100c : 4 · 3
= 25c · 3
= 75c

$\frac{3}{5}$ h = $\frac{3}{5}$ von 60 min
= 60min : 5 · 3
= 12min · 3
= 36 min

$\frac{5}{8}$ kg = $\frac{5}{8}$ von 1000g
= 1000g : 8 · 5
= 125g · 5
= 625 g

b)

€ ⟶ c	km ⟶ m	min ⟶ s	d ⟶ h
$\frac{2}{5}$ € = 40 c	$\frac{3}{4}$ km = 750 m	$\frac{2}{3}$ min = 40 s	$\frac{3}{4}$ d = 18 h
$\frac{7}{10}$ € = 70 c	$\frac{4}{5}$ km = 800 m	$\frac{4}{5}$ min = 48 s	$\frac{5}{8}$ d = 15 h
$\frac{5}{4}$ € = 125 c	$\frac{3}{8}$ km = 375 m	$\frac{5}{6}$ min = 50 s	$\frac{4}{3}$ d = 32 h

25. a) 500 kg
b) 40 min
c) 6 mm
d) 900 mg
e) 25 s
f) 875 g
g) 750 mm
h) 28 h

26. a) Bis zur Burg ist ein Weg von $5\frac{1}{4}$ km = 5250 m zurückzulegen; die Wanderung dauert $1\frac{1}{2}$ h = 90 min.

b)

• einundeinhalb Kilogramm	=	$1\frac{1}{2}$ kg	=	1 500	g
• zweiundeinviertel Kilometer	=	$2\frac{1}{4}$ km	=	2 250	m
• einunddreiviertel Stunde	=	$1\frac{3}{4}$ h	=	105	min
• vier eindrittel Minute	=	$4\frac{1}{3}$ min	=	260	s
• fünf siebenzehntel Meter	=	$5\frac{7}{10}$ m	=	570	cm
• drei dreiachtel Tag	=	$3\frac{3}{8}$ d	=	81	h

27.

Bruchteile von 1 m				
10 cm = $\frac{1}{10}$ m	25 cm = $\frac{1}{4}$ m	50 cm = $\frac{1}{2}$ m	75 cm = $\frac{3}{4}$ m	150 cm = $1\frac{1}{2}$ m

Bruchteile von 1 kg				
125 g = $\frac{1}{8}$ kg	200 g = $\frac{1}{5}$ kg	250 g = $\frac{1}{4}$ kg	500 g = $\frac{1}{2}$ kg	750 g = $\frac{3}{4}$ kg

Bruchteile von 1 h				
15 min = $\frac{1}{4}$ h	20 min = $\frac{1}{3}$ h	30 min = $\frac{1}{2}$ h	40 min = $\frac{2}{3}$ h	45 min = $\frac{3}{4}$ h

Erweitern und Kürzen

28. a)

$\frac{3}{4}$ h = 45 min	$\frac{9}{12}$ h = 45 min	$\frac{15}{20}$ h = 45 min

Die Bruchteile bezeichnen dieselbe Zeitspanne.

b)

$\frac{2}{5}$ kg = $\frac{10}{25}$ kg	$\frac{3}{10}$ kg = $\frac{12}{40}$ kg	$\frac{3}{8}$ kg = $\frac{75}{200}$ kg

29. a) $\frac{2}{3}$.

b) $\frac{4}{6}$.

c)

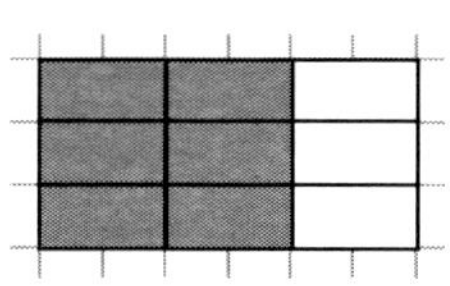

d)

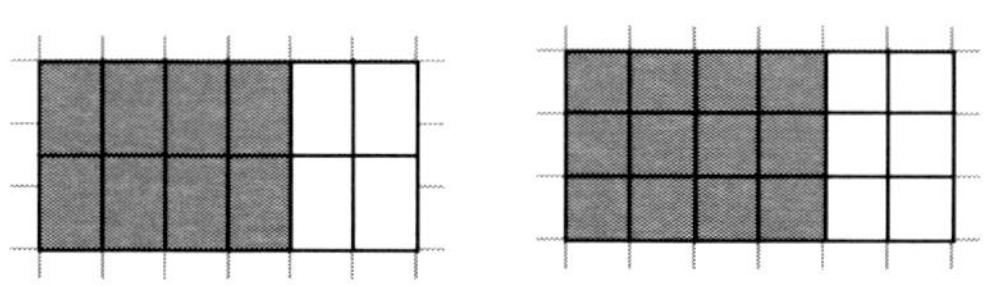

e) Die Brüche $\frac{4}{6}$, $\frac{6}{9}$, $\frac{8}{12}$ und $\frac{12}{18}$ entstehen aus dem Bruch $\frac{2}{3}$, indem man Zähler und Nenner jeweils mit derselben Zahl multipliziert, z. B. $\frac{2}{3} = \frac{2 \cdot 4}{3 \cdot 4} = \frac{8}{12}$.

- Einen Bruch erweitern heißt Zähler und Nenner mit derselben Zahl ungleich 0 multiplizieren.
- Bruch und erweiterter Bruch sind gleich groß.

30. a) $\frac{1}{2} \overset{7}{=} \frac{7}{14}$ b) $\frac{3}{4} \overset{2}{=} \frac{6}{8} \overset{4}{=} \frac{24}{32}$ c) $\frac{4}{6} \overset{3}{=} \frac{12}{18}$

31.

Bruch	$\frac{1}{2}$	$\frac{2}{5}$	$\frac{2}{3}$	$\frac{3}{4}$	$\frac{5}{6}$	$\frac{5}{8}$	$\frac{9}{4}$	$\frac{7}{12}$
erweitert mit	8	2	20	25	30	125	15	12
neuer Bruch	$\frac{8}{16}$	$\frac{4}{10}$	$\frac{40}{60}$	$\frac{75}{100}$	$\frac{150}{180}$	$\frac{625}{1000}$	$\frac{135}{60}$	$\frac{84}{144}$

32.

a) $\frac{4}{5} \overset{6}{=} \frac{24}{30}$	d) $\frac{1}{6} \overset{8}{=} \frac{8}{48}$	g) $\frac{4}{9} \overset{40}{=} \frac{160}{360}$
b) $\frac{3}{4} \overset{5}{=} \frac{15}{20}$	e) $\frac{3}{2} \overset{12}{=} \frac{36}{24}$	h) $\frac{3}{8} \overset{125}{=} \frac{375}{1000}$
c) $\frac{7}{8} \overset{3}{=} \frac{21}{24}$	f) $\frac{3}{10} \overset{6}{=} \frac{18}{60}$	i) $\frac{5}{12} \overset{15}{=} \frac{75}{180}$

33. a) $\frac{1}{2} = \frac{10}{20} = \frac{30}{60} = \frac{50}{100} = \frac{90}{180}$; $\frac{2}{5} = \frac{8}{20} = \frac{24}{60} = \frac{40}{100} = \frac{72}{180}$; $\frac{3}{4} = \frac{15}{20} = \frac{45}{60} = \frac{75}{100} = \frac{135}{180}$;
$\frac{7}{10} = \frac{14}{20} = \frac{42}{60} = \frac{70}{100} = \frac{126}{180}$

b) $\frac{3}{2} = \frac{27}{18} = \frac{81}{54} = \frac{135}{90} = \frac{540}{360}$; $\frac{2}{3} = \frac{12}{18} = \frac{36}{54} = \frac{60}{90} = \frac{240}{360}$; $\frac{1}{6} = \frac{3}{18} = \frac{9}{54} = \frac{15}{90} = \frac{60}{360}$;
$\frac{5}{9} = \frac{10}{18} = \frac{30}{54} = \frac{50}{90} = \frac{200}{360}$

34.

	Hin ...	... und zurück
a)	$\frac{7}{9} = \frac{7 \cdot 8}{9 \cdot 8} = \frac{56}{72}$	$\frac{56}{72} = \frac{56:8}{72:8} = \frac{7}{9}$
b)	$\frac{5}{8} = \frac{5 \cdot 4}{8 \cdot 4} = \frac{20}{32}$	$\frac{20}{32} = \frac{20:4}{32:4} = \frac{5}{8}$
c)	$\frac{4}{7} = \frac{4 \cdot 5}{7 \cdot 5} = \frac{20}{35}$	$\frac{20}{35} = \frac{20:5}{35:5} = \frac{4}{7}$
d)	$\frac{8}{3} = \frac{8 \cdot 7}{3 \cdot 7} = \frac{56}{21}$	$\frac{56}{21} = \frac{56:7}{21:7} = \frac{8}{3}$

- Einen Bruch kürzen heißt Zähler und Nenner durch dieselbe Zahl ungleich 0 dividieren.
- Bruch und gekürzter Bruch sind gleich groß.

35.

Bruch	$\frac{6}{10}$	$\frac{4}{8}$	$\frac{10}{15}$	$\frac{50}{60}$	$\frac{15}{24}$	$\frac{100}{125}$	$\frac{56}{96}$	$\frac{135}{180}$
gekürzt mit	2	4	5	10	3	25	8	45
neuer Bruch	$\frac{3}{5}$	$\frac{1}{2}$	$\frac{2}{3}$	$\frac{5}{6}$	$\frac{5}{8}$	$\frac{4}{5}$	$\frac{7}{12}$	$\frac{3}{4}$

36.

a) $\frac{12}{21} \underset{3}{=} \frac{4}{7}$	d) $\frac{7}{42} \underset{7}{=} \frac{1}{6}$	g) $\frac{49}{70} \underset{7}{=} \frac{7}{10}$
b) $\frac{24}{32} \underset{8}{=} \frac{3}{4}$	e) $\frac{30}{80} \underset{10}{=} \frac{3}{8}$	h) $\frac{45}{100} \underset{5}{=} \frac{9}{20}$
c) $\frac{10}{25} \underset{5}{=} \frac{2}{5}$	f) $\frac{60}{45} \underset{15}{=} \frac{4}{3}$	i) $\frac{80}{1000} \underset{40}{=} \frac{2}{25}$

37.

a) $\frac{8}{24} = \frac{1}{3}$	d) $\frac{12}{16} = \frac{3}{4}$	g) $\frac{45}{72} = \frac{5}{8}$
b) $\frac{14}{28} = \frac{1}{2}$	e) $\frac{24}{40} = \frac{3}{5}$	h) $\frac{18}{60} = \frac{3}{10}$
c) $\frac{12}{18} = \frac{2}{3}$	f) $\frac{35}{30} = \frac{7}{6}$	i) $\frac{36}{81} = \frac{4}{9}$

38.

a) $\frac{5}{9}$ b) $\frac{7}{20}$ c) $\frac{2}{5}$ d) $\frac{3}{4}$ e) $\frac{6}{25}$ f) $\frac{1}{4}$

39. a) $\frac{5}{8}$ c) $\frac{3}{4}$

b) $\frac{2}{3}$ d) $\frac{3}{5}$

40. a) 9 von 30 Sch. = $\frac{9}{30}$. Dann kürzt Wurzel mit 3 und erhält $\frac{3}{10}$.

b)

Anteil der Mädchen	$\frac{10}{30} \underset{10}{=} \frac{1}{3}$
Schüler mit Geschwistern	$\frac{18}{30} \underset{6}{=} \frac{3}{5}$
Schwimmen können	$\frac{25}{30} \underset{5}{=} \frac{5}{6}$
Ein Instrument spielen	$\frac{15}{30} \underset{15}{=} \frac{1}{2}$

41. a)

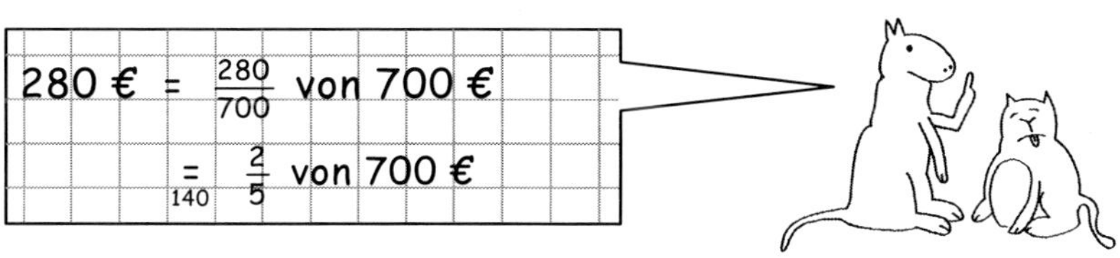

Probe: $\frac{2}{5}$ von 700 € = (700 € : 5) · 2 = 140 € · 2 = 280 € [w].

b) ① $\frac{3}{4}$ ⑤ $\frac{3}{10}$

② $\frac{5}{8}$ ⑥ $\frac{2}{5}$

③ $\frac{2}{3}$ ⑦ $\frac{1}{2}$

④ $\frac{5}{6}$ ⑧ $\frac{5}{2}$

42. a) 5 min = $\frac{1}{12}$ h ; 6 min = $\frac{1}{10}$ h ; 18 min= $\frac{3}{10}$ h ;

27 min = $\frac{9}{20}$ h ; 36 min = $\frac{3}{5}$ h ; 90min = $\frac{3}{2}$ h.

b) 5 cm = $\frac{1}{20}$ m ; 30 cm = $\frac{3}{10}$ m ; 32 cm = $\frac{8}{25}$ m ; 65 cm = $\frac{13}{20}$ m ; 80 cm = $\frac{4}{5}$ m ;

125 cm = $\frac{5}{4}$ m.

c) 50 g = $\frac{1}{20}$ kg ; 375 g = $\frac{3}{8}$ kg ; 600 g = $\frac{3}{5}$ kg; 750 g = $\frac{3}{4}$ kg ; 900 g = $\frac{9}{10}$ kg ;

1500 g = $\frac{3}{2}$ kg.

43. a) $\frac{8}{20} = \frac{2}{5}$.

b) $\frac{3}{4} = \frac{15}{20}$, es fehlen also noch sieben Autos.

c) Ja, denn zwei von acht Autos sind gelb, das entspricht $\frac{2}{8} = \frac{1}{4}$.

44. Rechnung: Mittelpunktswinkel: 140°.

Restwinkel: 360° – 140° = 220°.

Bruchteil der Torte: $\frac{220}{360} \underset{20}{=} \frac{11}{18}$.

Antwort: $\frac{11}{18}$ der Torte ist übrig.

Dezimalbrüche

45.

$\frac{43}{100}$ m =	43 cm =	0,43 m	$\frac{6}{10}$ cm =	6 mm =	0,6 cm
$\frac{65}{100}$ m =	65 cm =	0,65 m	$\frac{43}{10}$ cm =	43 mm =	4,3 cm
$\frac{7}{100}$ m =	7 cm =	0,07 m	$\frac{675}{1000}$ m =	675 mm =	0,675 m
$\frac{138}{100}$ m =	138 cm =	1,38 m	$\frac{81}{1000}$ m =	81 mm =	0,081 m

Brüche, deren Nenner Zehnerpotenzen sind, können dezimal geschrieben werden: Schreibe den Zähler hin und verschiebe das Komma um so viele Stellen nach links wie Nullen im Nenner stehen.

$\frac{43}{10} = 4,3$

$\frac{43}{100} = 0,43$

$\frac{43}{1000} = 0,043$

Die Zahlen 4,3 und 0,43 und 0,043 heißen **Dezimalbrüche**, die Stellen hinter dem Komma **Dezimalen**.

46.

a) $\frac{1}{10}$ = 0,1	e) $\frac{9}{10}$ = 0,9	i) $\frac{30}{100}$ = 0,30
b) $\frac{1}{100}$ = 0,01	f) $\frac{72}{100}$ = 0,72	j) $\frac{75}{1000}$ = 0,075
c) $\frac{1}{1000}$ = 0,001	g) $\frac{325}{1000}$ = 0,325	k) $\frac{57}{10}$ = 5,7
d) 1 Millionstel = 0,000001	h) $\frac{3}{100}$ = 0,03	l) $\frac{275}{100}$ = 2,75

47. a)

Zehnerbruch → Dezimalbruch	Dezimalbruch → Zehnerbruch
$\frac{27}{10}$ = 2,7	2,3 = $\frac{23}{10}$
$\frac{64}{100}$ = 0,64	0,67 = $\frac{67}{100}$
$\frac{8}{100}$ = 0,08	0,05 = $\frac{5}{100}$
$\frac{347}{1000}$ = 0,347	0,352 = $\frac{352}{1000}$

b) Ein **Dezimalbruch** mit einer (zwei, drei, ...) Dezimalen wird **in einen Bruch** verwandelt, indem man die Ziffernfolge ohne Komma in den Zähler und 10 (100, 1000, ...) in den Nenner schreibt.

c)

$0{,}9 = \frac{9}{10}$	$0{,}03 = \frac{3}{100}$	$0{,}425 = \frac{425}{1000} = \frac{17}{40}$	$7{,}7 = \frac{77}{10}$
$0{,}33 = \frac{33}{100}$	$0{,}30 = \frac{30}{100} = \frac{3}{10}$	$0{,}061 = \frac{61}{1000}$	$1{,}44 = \frac{144}{100} = \frac{36}{25}$

48.

a) $0{,}5 = \frac{1}{2}$	e) $0{,}25 = \frac{25}{100} = \frac{1}{4}$
b) $0{,}2 = \frac{1}{5}$	f) $0{,}75 = \frac{75}{100} = \frac{3}{4}$
c) $0{,}3 = \frac{3}{10}$	g) $0{,}05 = \frac{5}{100} = \frac{1}{20}$
d) $0{,}8 = \frac{8}{10} = \frac{4}{5}$	h) $0{,}04 = \frac{4}{100} = \frac{1}{25}$

i) $\frac{7}{20}$ k) $\frac{1}{8}$ m) $\frac{12}{5}$ o) $\frac{11}{4}$

j) $\frac{12}{25}$ l) $\frac{5}{8}$ n) $\frac{3}{2}$ p) $\frac{11}{8}$

49. a)

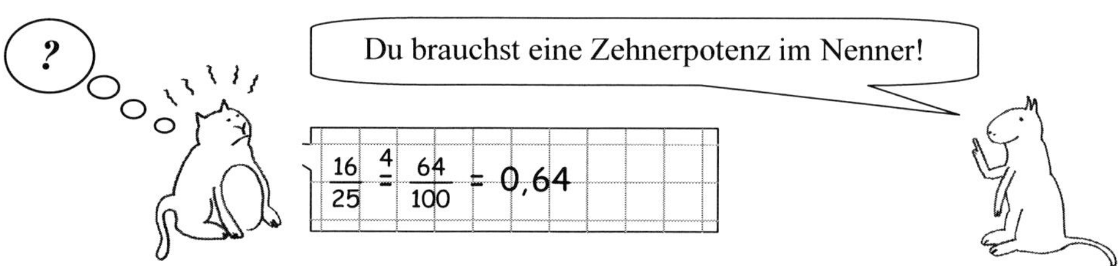

b)

$\frac{1}{2} = 0{,}5$	$\frac{5}{2} = 2{,}5$	$\frac{1}{4} = 0{,}25$	$\frac{1}{8} = 0{,}125$
$\frac{1}{5} = 0{,}2$	$\frac{3}{5} = 0{,}6$	$\frac{3}{4} = 0{,}75$	$1\frac{1}{4} = 1{,}25$

c) $\frac{17}{20} = 0{,}85$; $\frac{13}{25} = 0{,}52$; $\frac{53}{50} = 1{,}06$; $\frac{3}{8} = 0{,}375$; $\frac{18}{125} = 0{,}144$; $\frac{1}{40} = 0{,}025$.

d) Nein, denn die Nenner lassen sich nicht auf 10, 100, 1000, ... erweitern.

Prozentbegriff

50. Für $\frac{p}{100}$ sagen wir ***p* Prozent** und schreiben $p\%$.

$20\% = \frac{20}{100} \underset{20}{=} \frac{1}{5}$

20% von 4 · 45 min
$= \frac{1}{5}$ von 180 min
= 180 min : 5
= 36 min

51.

$5\% = \frac{5}{100} = \frac{1}{20}$	$30\% = \frac{30}{100} = \frac{3}{10}$	$75\% = \frac{75}{100} = \frac{3}{4}$
$10\% = \frac{10}{100} = \frac{1}{10}$	$40\% = \frac{40}{100} = \frac{2}{5}$	$100\% = \frac{100}{100} = 1$
$20\% = \frac{20}{100} = \frac{1}{5}$	$50\% = \frac{50}{100} = \frac{1}{2}$	$150\% = \frac{150}{100} = 1{,}5$
$25\% = \frac{25}{100} = \frac{1}{4}$	$60\% = \frac{60}{100} = \frac{3}{5}$	$200\% = \frac{200}{100} = 2$

52.
- $\frac{24}{80} = \frac{3}{10} = 30\%$.
- Grundstück: $25\,\text{m} \times 20\,\text{m}$, Haus: $12{,}5\,\text{m} \times 10\,\text{m}$.

53. a) 10% b) 25% c) 50% d) 100%
e) 20% f) 75% g) 70% h) 35%

54.

1% von 2500 € = 25 €	30% von 20 t = 6 t
1% von 380 € = 3,80 €	25% von 80 kg = 20 kg
7% von 500 € = 35 €	50% von 256 m = 128 m
10% von 60 € = 6 €	75% von 400 km = 300 km

55. 85 % von 400 € $= \frac{85}{100}$ von 400 € $= 85 \cdot 4$ € = 340 €.

56.
- Ausgegeben: $\frac{3}{4} \overset{25}{=} \frac{75}{100} = 75\%$, Rest: $\frac{1}{4} = 25\%$
- $\frac{1}{4}$ von 24 € = 6 €

57. a) 15%. b) Sponsor: 1750 €, Förderverein: 4200 €.

58. a) Es kommen 360 Schüler mit dem Bus und 240 Schüler zu Fuß zur Schule.

b) $\frac{160}{800} = \frac{20}{100} =$ 20% der Schüler kommen mit dem Fahrrad.

c) Es kommen 800 − (360 + 240 + 160) = 40 Schüler mit dem Auto, das sind $\frac{40}{800} = \frac{5}{100} = 5\%$.

59. Rechnung: Nettopreis: 500 €
Mehrwertsteuer: 19% von 500 € = 95 €
Bruttopreis: 595 €

Antwort: Herr Boschmuss 595 € bezahlen.

60. Ja, denn 25% von 3,99 € ≈ 1 €.

61. Mantel: 210 €
Hose: 84 €
Hemd: 48,30 €

62.

Bürgermeisterwahl in X-brücken

Stimmenanteile der Kandidaten:

- Heiko Schwarz: 45%
- Petra Rot: 35%
- Josef Grün: 20%

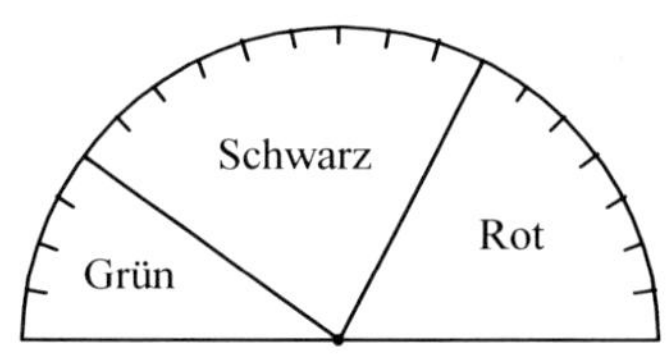

63. Rechnung: Anzahlung: 25% von 6000 € = 1500 €
Restbetrag: 4500 €
Zinsen: 8% von 4500 € = 360 €
Es bleibt zu zahlen: 4860 €
Anzahl der Raten / Rest: 4860 € : 350 = 13 Rest 310 €

Antwort: Frau Keller muss 13 Raten zahlen, es bleibt eine Restsumme von 310 €.

Vergleichen und Ordnen

64.

$\frac{1}{2}$ ...	$\frac{3}{5}$ ...
... von 1 Pizza = 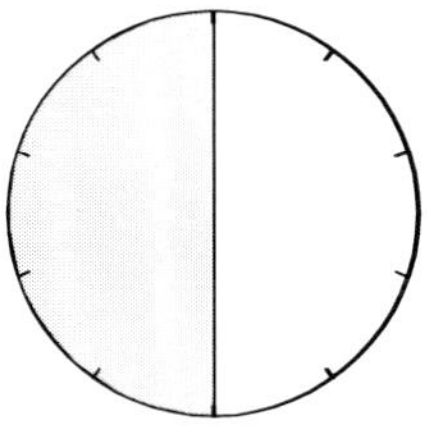	... von 1 Pizza = 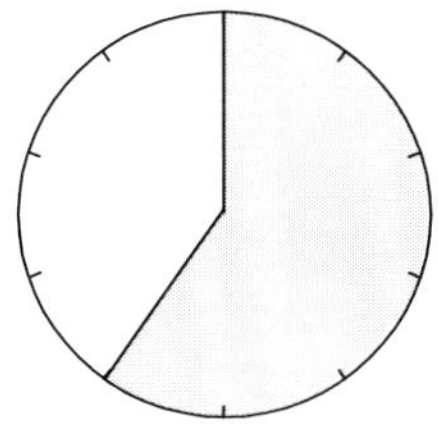
... von 400 Schülern = 200 Schüler	... von 400 Schülern = 240 Schüler
... von 1 h = 30 min	... von 1 h = 36 min
... von 3 m = 150 cm	... von 3 m = 180 cm

65. a) Welcher Bruchteil ist kleiner: $\frac{2}{5}$ oder $\frac{3}{8}$?

$\frac{2}{5}$ von 40 = 16

$\frac{3}{8}$ von 40 = 15

Also: $\frac{3}{8} < \frac{2}{5}$.

b)

Bruchteile		Test	Ergebnis
$\frac{1}{2}$	$\frac{2}{3}$	$\frac{1}{2}$ von 6 = 3 ; $\frac{2}{3}$ von 6 = 4	$\frac{1}{2} < \frac{2}{3}$
$\frac{1}{4}$	$\frac{1}{5}$	$\frac{1}{4}$ von 20 = 5 ; $\frac{1}{5}$ von 20 = 4	$\frac{1}{5} < \frac{1}{4}$
$\frac{1}{3}$	$\frac{3}{10}$	$\frac{1}{3}$ von 30 = 10 ; $\frac{3}{10}$ von 30 = 9	$\frac{3}{10} < \frac{1}{3}$
$\frac{3}{4}$	$\frac{4}{5}$	$\frac{3}{4}$ von 20 = 15 ; $\frac{4}{5}$ von 20 = 16	$\frac{3}{4} < \frac{4}{5}$

66. a)

$\frac{1}{3} < \frac{2}{3}$	$\frac{4}{5} > \frac{2}{5}$	$\frac{5}{8} < \frac{9}{8}$
$\frac{3}{4} > \frac{1}{4}$	$\frac{3}{10} < \frac{7}{10}$	$\frac{7}{6} > \frac{4}{6}$

b) Von zwei nennergleichen Brüchen bezeichnet derjenige den kleineren Bruchteil, der den kleineren Zähler hat.

67. a) $\frac{4}{9} \stackrel{2}{=} \frac{8}{18}$; $\frac{1}{2} \stackrel{9}{=} \frac{9}{18}$.

Also: $\frac{4}{9} < \frac{1}{2}$.

b)

$\frac{5}{8}$	>	$\frac{1}{2}$
$\frac{2}{3}$	<	$\frac{5}{6}$

$\frac{3}{10}$	<	$\frac{2}{5}$
$\frac{6}{9}$	=	$\frac{10}{15}$

$\frac{3}{4}$	>	$\frac{2}{3}$
$\frac{2}{7}$	<	$\frac{1}{3}$

$\frac{1}{3}$	<	$\frac{3}{8}$
$\frac{3}{5}$	>	$\frac{7}{12}$

c)

$\frac{9}{10}$	<	1	$\frac{3}{2}$	>	1	$\frac{9}{5}$	>	1	$\frac{4}{4}$	=	1

68. a)

$\frac{1}{2}$	>	$\frac{1}{6}$
$\frac{2}{5}$	<	$\frac{2}{3}$

$\frac{3}{8}$	>	$\frac{3}{10}$
$\frac{4}{9}$	<	$\frac{4}{7}$

$\frac{5}{8}$	<	$\frac{5}{3}$
$\frac{7}{3}$	>	$\frac{7}{4}$

b) Von zwei zählergleichen Brüchen bezeichnet derjenige den kleineren Bruchteil, der den größeren Nenner hat.

69. am leichtesten: $\frac{1}{6}$ kg ; am schwersten: $\frac{3}{4}$ kg

70.
- Blau zu markieren sind $\frac{3}{10}$, $\frac{2}{9}$, $\frac{2}{7}$.
- Rot zu markieren sind $\frac{3}{5}$, $\frac{5}{8}$, $\frac{7}{12}$, $\frac{6}{11}$.
- Grün zu markieren sind $\frac{3}{4}$, $\frac{11}{15}$, $\frac{5}{6}$.

71. Bei der Tombola der Klasse 5a.

72. a) Glücksrad ①: $\frac{5}{12} > \frac{4}{10} > \frac{3}{8}$

b) Falsch, denn $\frac{3}{12} < \frac{3}{10}$

c) Nein, Glücksrad ② wäre besser, denn $\frac{5}{8} > \frac{7}{12}$.

d) Lisa misst die Mittelpunktswinkel aus und entscheidet dann.

73. Rechnung: 5a: $\frac{6}{28} \approx 21{,}4\%$; 5b: $\frac{8}{32} = 25\%$; 5c: $\frac{6}{30} = 20\%$

Antwort: Die Klasse 5b hat den größten Anteil der Einsen.

Addieren und Subtrahieren

74. a) $\frac{5}{9}$ Pizza + $\frac{2}{9}$ Pizza = $\frac{7}{9}$ Pizza

b) $\frac{10}{12}$ Kuchen - $\frac{7}{12}$ Kuchen = $\frac{3}{12}$ Kuchen

c) $\frac{2}{8}$ m + $\frac{3}{8}$ m = $\frac{5}{8}$ m

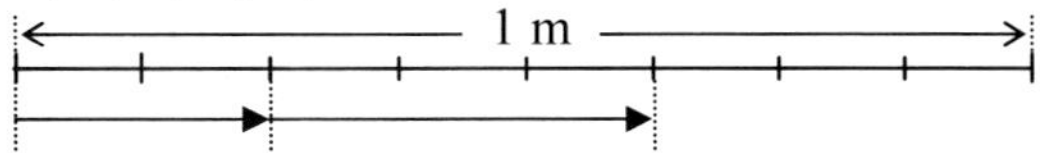

$\frac{7}{8}$ m - $\frac{4}{8}$ m = $\frac{3}{8}$ m

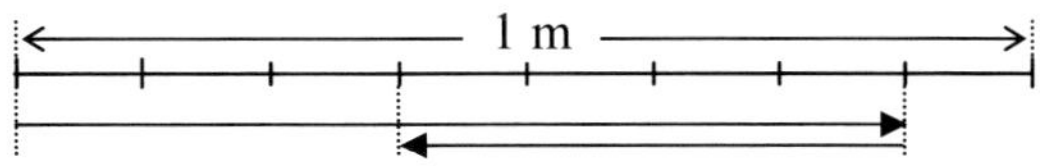

d) Silvester addiert nur die Zähler und schreibt den Nenner wieder hin.

$\frac{1}{5}$ h + $\frac{3}{5}$ h = 12 min + 36 min = 48 min = $\frac{4}{5}$ h. Stimmt!

c) Nennergleiche Brüche werden addiert (subtrahiert), indem man die Zähler addiert (subtrahiert) und den Nenner beibehält.

75.

a) $\frac{5}{12}+\frac{3}{12}=\frac{8}{12}=\frac{2}{3}$	e) $\frac{3}{4}-\frac{1}{4}=\frac{2}{4}=\frac{1}{2}$	i) $\frac{3}{4}+\frac{1}{4}=\frac{4}{4}=1$
b) $\frac{1}{3}+\frac{1}{3}=\frac{2}{3}$	f) $\frac{5}{8}-\frac{3}{8}=\frac{2}{8}=\frac{1}{4}$	j) $\frac{1}{2}+\frac{3}{2}=\frac{4}{2}=2$
c) $\frac{2}{5}+\frac{1}{5}=\frac{3}{5}$	g) $\frac{7}{6}-\frac{5}{6}=\frac{2}{6}=\frac{1}{3}$	k) $\frac{9}{5}-\frac{4}{5}=\frac{5}{5}=1$
d) $\frac{3}{10}+\frac{2}{10}=\frac{5}{10}=\frac{1}{2}$	h) $\frac{13}{12}-\frac{4}{12}=\frac{9}{12}=\frac{3}{4}$	l) $\frac{8}{3}-\frac{2}{3}=\frac{6}{3}=2$

76. a) $\frac{1}{3}$ Schachtel + $\frac{1}{4}$ Schachtel

= $\frac{4}{12}$ Schachtel + $\frac{3}{12}$ Schachtel

= $\frac{7}{12}$ Schachtel

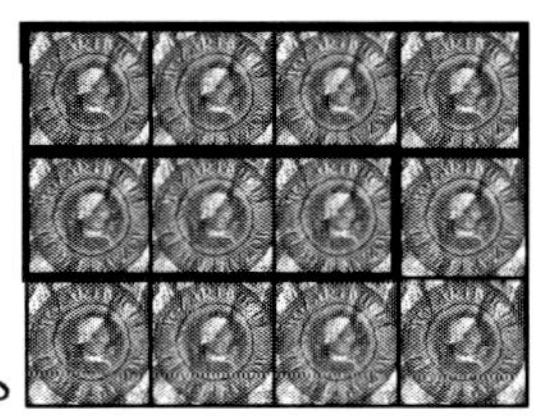

b)

- $\frac{3}{4}+\frac{1}{2}=\frac{3}{4}+\frac{2}{4}=\frac{5}{4}$
- $\frac{4}{5}-\frac{1}{10}=\frac{8}{10}-\frac{1}{10}=\frac{7}{10}$
- $\frac{1}{2}+\frac{1}{3}=\frac{3}{6}+\frac{2}{6}=\frac{5}{6}$
- $\frac{3}{4}-\frac{2}{3}=\frac{9}{12}-\frac{8}{12}=\frac{1}{12}$

Addition ungleichnamiger Brüche:

1. Die Brüche gleichnamig machen.
2. Die gleichnamigen Brüche addieren.

77.

a) $\frac{3}{10} + \frac{1}{2}$
$= \frac{3}{10} + \frac{5}{10}$
$= \frac{8}{10} = \frac{4}{5}$

b) $\frac{1}{3} + \frac{1}{5}$
$= \frac{5}{15} + \frac{3}{15}$
$= \frac{8}{15}$

c) $\frac{2}{3} + \frac{5}{8}$
$= \frac{16}{24} + \frac{15}{24}$
$= \frac{31}{24}$

d) $\frac{2}{3}$ e) $\frac{5}{8}$ f) $\frac{23}{20}$ g) $\frac{13}{18}$ h) $\frac{26}{21}$ i) $\frac{43}{60}$

8.

a) $\frac{5}{6} - \frac{1}{3}$
$= \frac{10}{12} - \frac{4}{12}$
$= \frac{6}{12} = \frac{1}{2}$

b) $\frac{3}{4} - \frac{7}{12}$
$= \frac{9}{12} - \frac{7}{12}$
$= \frac{2}{12} = \frac{1}{6}$

c) $\frac{7}{8} - \frac{3}{5}$
$= \frac{35}{40} - \frac{24}{40}$
$= \frac{11}{40}$

d) $\frac{1}{2}$ e) $\frac{1}{4}$ f) $\frac{2}{3}$ g) $\frac{1}{6}$ h) $\frac{1}{12}$ i) $\frac{5}{24}$

Kreisdiagramme

79. a) $\frac{4}{12} = \frac{1}{3}$ des Tages verbringt er mit Schlafen. Das sind 8 Stunden.

b) / c)

Schlafen	Spielen	Mathematik	Fellpflege	Sonstiges
$\frac{1}{3}$	$\frac{1}{4}$	$\frac{1}{6}$	$\frac{5}{24}$	$\frac{1}{24}$
120°	90°	60°	75°	15°

80. a)

Schlafen	Arbeiten	Hundetraining	Freizeit	Sonstiges
$\frac{3}{8}$	$\frac{1}{3}$	$\frac{1}{12}$	$\frac{1}{6}$	$\frac{1}{24}$

b)

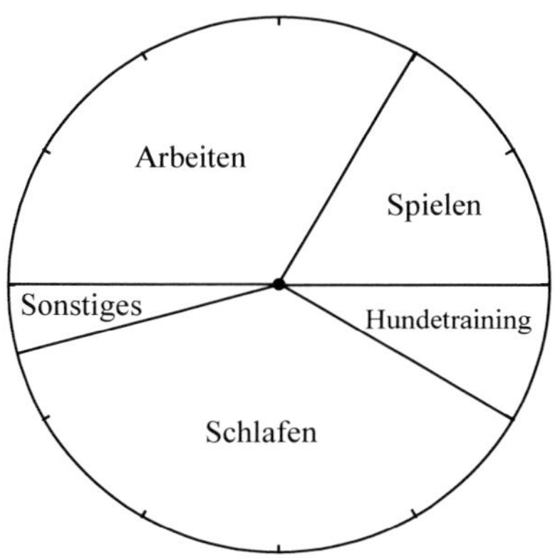

81.

Prozentsatz	Mittelpunktswinkel errechnet	Mittelpunktswinkel gemessen
5%	36°/72 = 18°	18°
10%	$\frac{1}{10}$ von 360°= 36°	36°
15%	36° + 18° = 54°	54°
20%	2 · 36° = 72°	72°
45%	2 · 72°+18° = 162°	162°

Von Mess- bzw. Zeichenungenauigkeiten abgesehen ist das Diagramm korrekt.

82. a)

Bruchteil	$\frac{1}{2}$	$\frac{1}{3}$	$\frac{1}{4}$	$\frac{1}{5}$	$\frac{1}{6}$	$\frac{1}{8}$	$\frac{1}{9}$	$\frac{1}{10}$	$\frac{1}{12}$	$\frac{1}{15}$
φ	180°	120°	90°	72°	60°	45°	40°	36°	30°	24°

b)

Bruchteil	$\frac{2}{3}$	$\frac{3}{4}$	$\frac{3}{5}$	$\frac{5}{6}$	$\frac{2}{9}$	$\frac{5}{12}$
φ	240°	270°	216°	300°	80°	150°

c)

p%	1%	5%	10%	20%	25%	40%	50%	60%	75%	100%
φ	3,6°	18°	36°	72°	90°	144°	180°	216°	270°	360°

83. a)

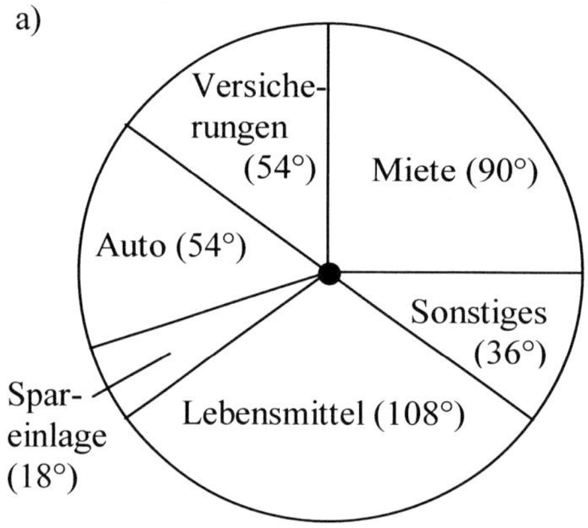

b) insgesamt 600 Schüler

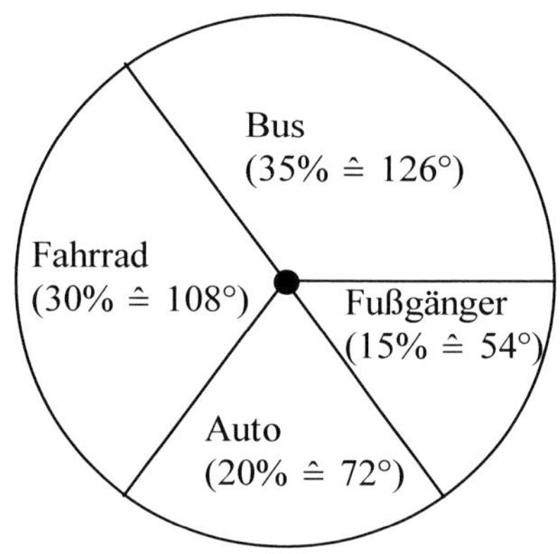

84. a)

Laubwald	Nadelwald	Mischwald
$\frac{7}{20} = 35\%$	$\frac{1}{4} = 25\%$	$\frac{8}{20} = 40\%$

b)

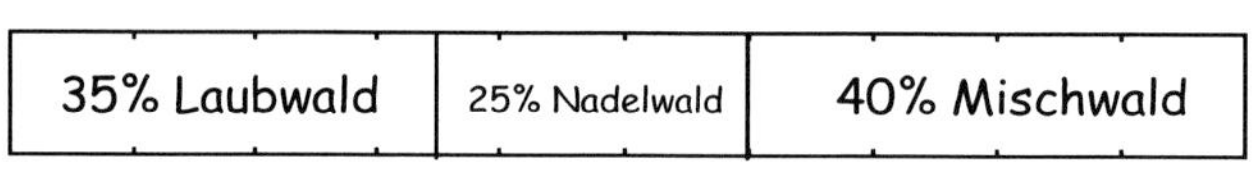

Vermischte Aufgaben

85.

Bruch	$\frac{1}{2}$	$\frac{1}{4}$	$\frac{1}{5}$	$\frac{1}{10}$	$\frac{2}{5}$	$\frac{3}{4}$	$\frac{7}{10}$	$\frac{1}{20}$
Dezimalbruch	0,5	0,25	0,2	0,1	0,4	0,75	0,7	0,05
In Prozent	50%	25%	20%	10%	40%	75%	70%	5%

86. a) $\frac{1}{3} - \frac{3}{10} = \frac{10}{30} - \frac{9}{30} = \frac{1}{30}$. Sie unterscheiden sich um $\frac{1}{30}$.

b) Das ist nicht korrekt. Fehler: $\frac{1}{3} - \frac{33}{100} = \frac{100}{300} - \frac{99}{300} = \frac{1}{300}$.

c) 0,333 (0,333333)

d) 0,3333333…

87. Alle außer Max haben richtig gerechnet.

88. a)

- $1 + \frac{2}{3} = \frac{3}{3} + \frac{2}{3} = \frac{5}{3}$
- $2 + \frac{1}{3} = \frac{6}{3} + \frac{1}{3} = \frac{7}{3}$
- $3 - \frac{4}{3} = \frac{9}{3} - \frac{4}{3} = \frac{5}{3}$

b) ① $\frac{3}{2}$ ③ $\frac{19}{8}$ ⑤ $\frac{2}{3}$ ⑦ $\frac{5}{4}$

② $\frac{5}{3}$ ④ $\frac{47}{10}$ ⑥ $\frac{3}{8}$ ⑧ $\frac{13}{5}$

89. Rechnung: $\frac{3}{4}\,\text{kg} + \frac{1}{2}\,\text{kg} + \frac{3}{10}\,\text{kg} + \frac{1}{5}\,\text{kg} + \frac{3}{8}\,\text{kg} = \frac{30}{40}\,\text{kg} + \frac{20}{40}\,\text{kg} + \frac{12}{40}\,\text{kg} + \frac{8}{40}\,\text{kg} + \frac{15}{40}\,\text{kg}$

$= \frac{85}{40}\,\text{kg} = 2\frac{1}{8}\,\text{kg} > 2\,\text{kg}$

Antwort: Ja, Lisas Einkaufstasche wiegt mehr als 2 kg.

90. $\frac{1}{4}\,\ell + \frac{1}{8}\,\ell + \frac{7}{10}\,\ell = \frac{43}{40}\,\ell > 1\,\ell$

91. Rechnung: Gesamtmenge: $\frac{3}{8}\,\ell + 1\frac{5}{8}\,\ell = \frac{3}{8}\,\ell + \frac{13}{8}\,\ell = \frac{16}{8}\,\ell = 2\,\ell$

Antwort: Jeder bekommt $\frac{1}{2}\,\ell$ Milchshake.

92. a) $\frac{5}{18}$

b) Philipp

c) Nein, denn 60 ist kein Vielfaches von 9.

d) 90 Bärchen.

93. Mittelpunktswinkel: 60° und 150°; $\frac{150}{360} + \frac{60}{360} = \frac{210}{360} \underset{30}{=} \frac{7}{12}$.

94. Reinerlös: $650 \cdot 14\,€ + 2\,680\,€ - 6\,300\,€ = 5\,480\,€$
Grundschule: $5\,480\,€ : 4 = 1\,370\,€$
Rest: $5\,480\,€ - 1\,370\,€ = 4\,110\,€$
Gemeinschaftsschule/Gymnasium: je $4\,110\,€ : 2 = 2\,055\,€$

95. • Rechnung: $6\,900\,c : 12 = 575\,c$
$650\,c - 575\,c = 75\,c = 0{,}75\,€$
$0{,}75\,€ \cdot 12 = 9\,€$
Antwort: Im Abonnement ist ein Heft 75 c billiger, der Abonnent spart im Jahr 9 €.
• 12% von 650c = $12 \cdot 6{,}50c$ = 78c. Man spart etwas weniger als 12%.

96. a) $\frac{32}{35}$ b) 2,25 €

97. a) $\frac{4960}{24800} = \frac{1}{5} = 20\%$.
b) Rechnung: Kreditbetrag: $24\,800\,€ - 12\,400\,€ - 4\,960\,€ = 7\,440\,€$
$7\,440\,€ : 465\,€ = 16$
Antwort: Herr Reich braucht 16 Raten.
c) Rechnung: $7\,440\,€ : 12 = 620\,€$.
Antwort: Eine Monatsrate muss 620 € betragen.

98. Bei der ersten Fahrt können geladen werden:

8 Eisenträger:	2,8 t
5 Betonelemente:	0,8 t
36 Säcke Zement:	0,9 t

Die restlichen Zementsäcke müssen bei der zweiten Fahrt transportiert werden.

99. a) Rechnung: Fahrzeit: 10 h; Pause: 1 h
Antwort: Herr Bach muss um 5.00 Uhr losfahren.
b) Rechnung: Benzinverbrauch: $7{,}5 \cdot 6\,\ell = 45\,\ell$
Kosten: $45 \cdot 1{,}55\,€ = 69{,}75\,€$
$69{,}75\,€ \cdot 2 = 139{,}50\,€$
Antwort: Herr Bach muss mit Benzinkosten in Höhe von 139,50 € rechnen.
c) ---

100. a) 2 h 45 min = $2\frac{3}{4}$ h
b) Herr Daub sollte um 6.51 Uhr losfahren. Er ist 2 h 45 min unterwegs.
c) ICE Abfahrt 8.58 Uhr; 2 h
d) RE Abfahrten 4.46 Uhr bzw. 5.46 Uhr; 2 h 50 min

Flächeninhalt

7

Definition des Flächeninhalts

1. Der Umfang der Grundstücke ist gar nicht wichtig, sondern der Flächeninhalt. Das quadratische Grundstück besteht aus 25 Teilquadraten, dar rechteckige Grundstück aus 24 gleich großen Teilquadraten. Also sollte Fridolin das quadratische Grundstück kaufen.

2. Flächeninhalt: $15\,cm^2$

Umfang: 19 cm

3.

	a)	b)	c)	d)	e)	f)
Ergebnisse	$15\ cm^2$	$14\ cm^2$	$16\ cm^2$	$7\ cm^2$	$9\ cm^2$	$8\ cm^2$

4. a) / b)

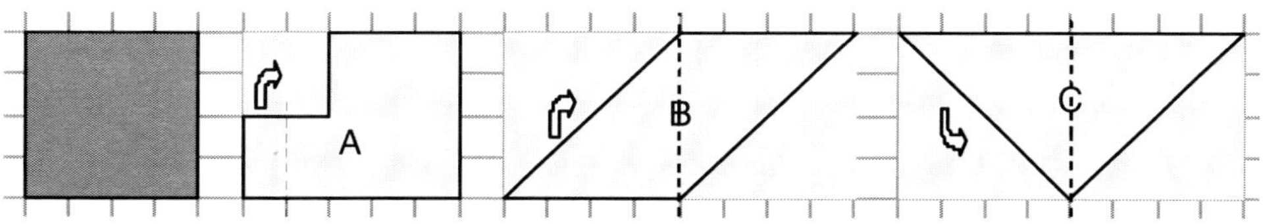

5.

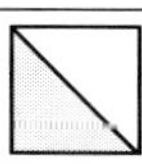	$\frac{1}{2}\ cm^2 = 0{,}5\ cm^2$	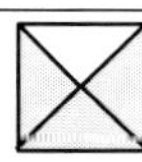	$\frac{3}{4}\ cm^2 = 0{,}75\ cm^2$
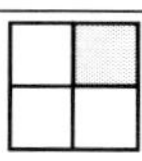	$\frac{1}{4}\ cm^2 = 0{,}25\ cm^2$	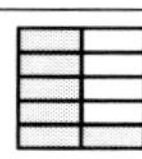	$\frac{6}{10}\ cm^2 = 0{,}6\ cm^2$
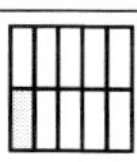	$\frac{1}{10}\ cm^2 = 0{,}1\ cm^2$	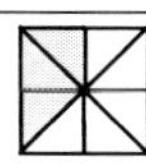	$\frac{3}{8}\ cm^2 = 0{,}375\ cm^2$
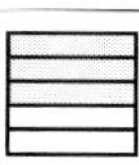	$\frac{3}{5}\ cm^2 = 0{,}6\ cm^2$	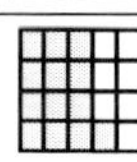	$\frac{13}{20}\ cm^2 = 0{,}65\ cm^2$

6. • Messergebnisse:

	a)	b)	c)	d)	e)
a	4	2	4	4,5	4
b	6	5	4	3	3,5
A	24	10	16	13,5	14

• Flächeninhalt eines Rechtecks mit den Seitenlängen a und b: $A = a \cdot b$.

Flächeninhalt eines Quadrates mit der Seitenlänge a: $A = a^2$.

7. a) $A = 12\text{ cm} \cdot 7\text{ cm} = 84\text{ cm}^2$

b) $U = 2 \cdot (60\text{ cm} + 42\text{ cm}) = 2 \cdot 102\text{ cm} = 204\text{ cm}$

$A = 60\text{ cm} \cdot 42\text{ cm} = 2520\text{ cm}^2$

c) $A = 15\text{ cm} \cdot 15\text{ cm} = 225\text{ cm}^2$

d) $30\text{ cm} \cdot 30\text{ cm} = 900\text{ cm}^2 = 4 \cdot 225\text{ cm}^2$

Silvesters Behauptung ist falsch!

e) Z. B. Rechtecke mit den Seitenlängen 4 cm und 6 cm bzw. 3 cm und 8cm.

f) 

$a = 10\text{cm}$

Flächeneinheiten

8. a)

- $1\ cm^2$ ist der Flächeninhalt eines Quadrates mit der Seitenlänge 1 cm.
- $1\ mm^2$ ist der Flächeninhalt eines Quadrates mit der Seitenlänge 1 mm.
- $1\ dm^2$ ist der Flächeninhalt eines Quadrates mit der Seitenlänge 1 dm.
- $1\ m^2$ ist der Flächeninhalt eines Quadrates mit der Seitenlänge 1 m.

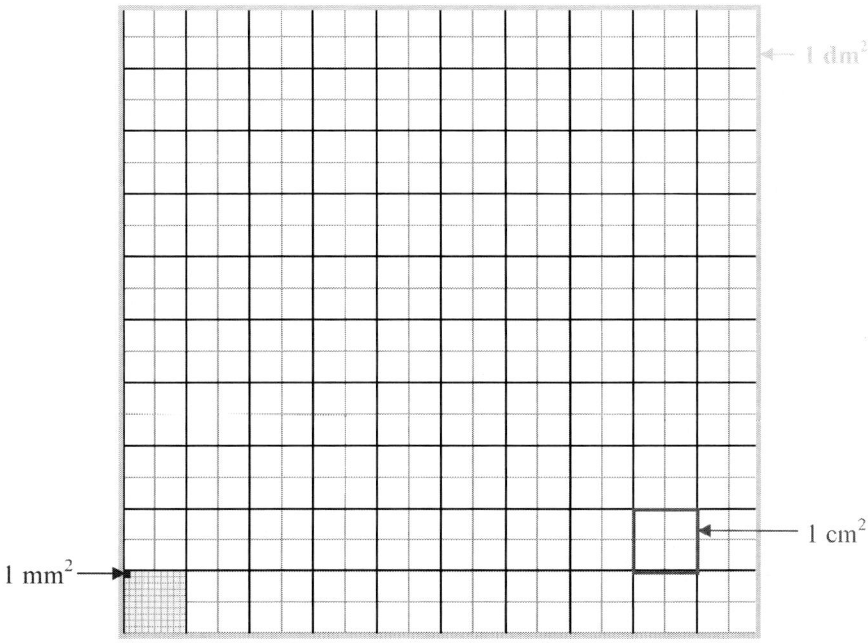

b)

$1\ cm^2 = 100\ mm^2$	$1\ dm^2 = 100\ cm^2$	$1\ m^2 = 100\ dm^2$
	$= 10000\ mm^2$	$= 10000\ cm^2$
		$= 1000000\ mm^2$

c) Beim Übergang zur nächstkleineren Flächeneinheit muss die Maßzahl mit 100 multipliziert werden.

9. a) $A = 13\ cm^2 = 13 \cdot 100\ mm^2 = 1300\ mm^2$

b) $42000\ dm^2 = 420\ m^2$

c) $63000000\ mm^2 = 63\ m^2 = 9\ m \times 7\ m$. Nein!

d)

$4\,cm^2 = 400\,mm^2$	$30\,m^2 = 3000\,dm^2$	$25\,dm^2 = 2500\,cm^2$
$1200\,mm^2 = 12\,cm^2$	$5700\,cm^2 = 57\,dm^2$	$32\,400\,dm^2 = 324\,m^2$

10. a) $A = 20\,m \cdot 35\,m = 700\,m^2$

b) $A = 200\,m \cdot 150\,m = 30\,000\,m^2$

c) $A = 1000\,m \cdot 1000\,m = 1\,000\,000\,m^2 = 1\,km^2$

$1\,a = 10m \cdot 10m = 100\,m^2$

$1\,ha = 100m \cdot 100m = 10000\,m^2$

$1\,km^2 = 1000m \cdot 1000m = 1000000\,m^2$

11. a)

1 a =	100	m^2	1 ha =	100	a	$1\,km^2$ =	100	ha
=	10000	dm^2	=	10000	m^2	=	10000	a
=	1000000	cm^2	=	1000000	dm^2	=	1000000	m^2

Beim Übergang zur nächstkleineren Flächeneinheit muss die Maßzahl mit 100 multipliziert werden.

b) $8\,a = 8 \cdot 100\,m^2 = 800\,m^2$

c) $53\,800\,ha = 538\,km^2 = 538$ Millionen m^2

d)

$8a = 800m^2$	$45ha = 4500a$	$3km^2 = 300ha$
$10ha = 1000a$	$70km^2 = 7000ha$	$132a = 13200m^2$
$17km^2 = 1700ha$	$62a = 6200m^2$	$200ha = 20000a$

e)

$1400m^2 = 14a$	$8000ha = 80km^2$	$20\,700a = 207ha$
$800a = 8ha$	$27000m^2 = 270a$	$207000ha = 2070km^2$

12. a) ---

b) ---

c)

$\frac{1}{10}\,m^2 = 10\,dm^2$	$\frac{1}{100}\,m^2 = 1\,dm^2$	$\frac{1}{1000}\,m^2 = 10\,cm^2$	$\frac{1}{10000}\,m^2 = 1\,cm^2$

13. a)

$\frac{2}{5}\,\text{dm}^2 = \frac{2}{5}$ von $1\,\text{dm}^2$
$= \frac{2}{5}$ von $100\,\text{cm}^2$
$= 40\,\text{cm}^2$

$\frac{7}{10}\,\text{m}^2 = \frac{7}{10}$ von $1\,\text{m}^2$
$= \frac{7}{10}$ von $100\,\text{dm}^2$
$= 70\,\text{dm}^2$

$\frac{3}{4}\,\text{a} = \frac{3}{4}$ von $1\,\text{a}$
$= \frac{3}{4}$ von $100\,\text{m}^2$
$= 75\,\text{m}^2$

b)

$\frac{1}{2}\,\text{dm}^2 = 50\,\text{cm}^2$	$\frac{1}{10}\,\text{km}^2 = 10\,\text{ha}$	$3\frac{1}{2}\,\text{a} = 350\,\text{m}^2$
$\frac{1}{4}\,\text{cm}^2 = 25\,\text{mm}^2$	$\frac{4}{5}\,\text{ha} = 80\,\text{a}$	$7\frac{1}{4}\,\text{m}^2 = 725\,\text{dm}^2$
$\frac{1}{5}\,\text{a} = 20\,\text{m}^2$	$\frac{7}{20}\,\text{m}^2 = 35\,\text{dm}^2$	$4\frac{3}{5}\,\text{cm}^2 = 460\,\text{mm}^2$

c) $A = 105\,\text{m} \cdot 68\,\text{m} = 7140\,\text{m}^2 \approx 7000\,\text{m}^2 = \frac{7}{10}\,\text{ha}$. Die Aussage stimmt.

14.

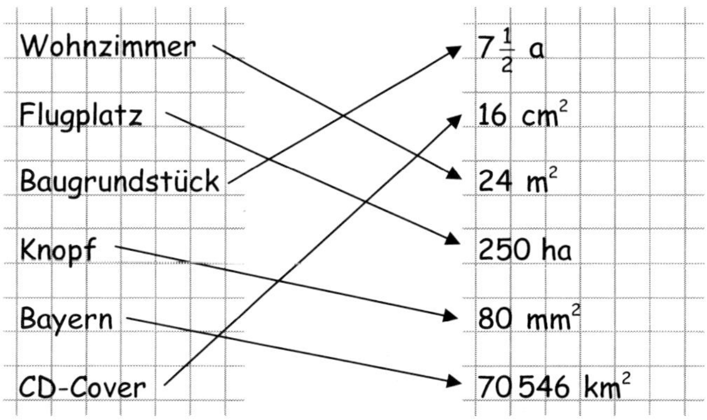

15.

$20\,\text{m}^2$	<	$2\,\text{a}$	$7\frac{1}{2}\,\text{ha}$	=	$750\,\text{a}$	$10^6\,\text{dm}^2$	<	$10^3\,\text{a}$
$3720\,\text{ha}$	>	$36\,\text{km}^2$	$\frac{1}{4}\,\text{km}^2$	>	$250\,\text{m}^2$	$\frac{3}{25}\,\text{dm}^2$	=	$12\,\text{cm}^2$

Dezimale Schreibweise

16. a)

$35782\ cm^2 = 30000\ cm^2 + 5000\ cm^2 + 700\ cm^2 + 80\ cm^2 + 2\ cm^2$

$= 3 \cdot 1\ m^2 + 5 \cdot 10\ dm^2 + 7 \cdot 1\ dm^2 + 8 \cdot 10\ cm^2 + 2 \cdot 1\ cm^2$

b) / c)

	10m²	1m²	10dm²	1dm²	10cm²	1cm²	10mm²	1mm²
35782 cm²		3	5	7	8	2		
4086 dm²	4	0	8	6				
12503 mm²				1	2	5	0	3

17. a) $7{,}564\ m^2 = 7\ m^2\ \ 56\ dm^2\ \ 40\ cm^2$

	1ha	10a	1a	10m²	1m²	10dm²	1dm²	10cm²	1cm²	10mm²	1mm²
7,564 m²					7	5	6	4	0		
180,5 m²			1	8	0	5	0				
32,87 cm²								3	2	8	7
5,078 a			5	0	7	8	0				
0,489 dm²							0	4	8	9	0
1,2345 ha	1	2	3	4	5						

b) $180{,}5\ m^2 = 180\ m^2\ \ 50\ dm^2$, $32{,}87\ cm^2 = 32\ cm^2\ \ 87\ mm^2$, $5{,}078\ a = 5a\ 7\ m^2\ \ 80\ dm^2$, $0{,}489\ dm^2 = 0\ dm^2\ \ 48\ cm^2\ \ 90\ mm^2$, $1{,}2345\ ha = 1\ ha\ \ 23\ a\ \ 45\ m^2$.

c)

8,75 m² = 8 m² 7 dm² 5 cm²	8 m² 75 dm²	10 dm² = 0,001 a	richtig
13,48 cm² = 13 cm² 48 mm²	richtig	3 a 25 m² = 32,5 m²	325 m²
0,1 dm² = 1 cm²	10 cm²	1 dm² 7 cm² = 1,07 cm²	richtig
9,6 km² = 9 km² 6 ha	9 km² 60 ha	7 m² 50 cm² = 7,05 m²	7,005 m²

18. a)

	1a	10m²	1m²	10dm²	1dm²	10cm²	1cm²	10mm²	1mm²	
8,325 m²			8	3	2	5				832,5 dm²
0,7038 m²			0	7	0	3	8			70,38 dm²
1,369 dm²					1	3	6	9		136,9 cm²
0,0625 dm²					0	0	6	2	5	6,25 cm²
4,57 cm²							4	5	7	457 mm²
7,3 a	7	3	0							730 m²

b)

- Beim Übergang zur nächstkleineren Flächeneinheit wird das Komma um zwei Stellen nach rechts verschoben.
- Beim Übergang zur nächstgrößeren Flächeneinheit wird das Komma um zwei Stellen nach links verschoben.

c) •

$8{,}035\,dm^2 = 803{,}5\,cm^2$	$0{,}36\,ha = 36\,a$	$0{,}654\,cm^2 = 65{,}4\,mm^2$
$6{,}4\,a = 640\,m^2$	$7{,}78\,m^2 = 778\,dm^2$	$0{,}042\,km^2 = 4{,}2\,ha$

d) •

$382{,}5\,m^2 = 3{,}825\,a$	$718\,mm^2 = 7{,}18\,cm^2$	$638{,}7\,a = 6{,}387\,ha$
$1725{,}3\,dm^2 = 17{,}253\,m^2$	$360\,cm^2 = 3{,}6\,dm^2$	$76\,ha = 0{,}76\,km^2$

19.

Übergang	Kommaverschiebung	Beispiel
$m^2 \to cm^2$	4 Stellen nach rechts	$0{,}375\,m^2 = 3750\,cm^2$
$cm^2 \to m^2$	4 Stellen nach links	$36\,000\,cm^2 = 3{,}6\,m^2$
$ha \to m^2$	4 Stellen nach rechts	$25\,ha = 250000\,m^2$
$m^2 \to ha$	4 Stellen nach links	$7\,500\,m^2 = 0{,}75\,ha$
$km^2 \to m^2$	6 Stellen nach rechts	$1{,}08\,km^2 = 1080000\,m^2$
$m^2 \to km^2$	6 Stellen nach links	12 Mio. $m^2 = 12\,km^2$
$m^2 \to mm^2$	6 Stellen nach rechts	$0{,}06\,m^2 = 60000\,mm^2$
$mm^2 \to m^2$	6 Stellen nach links	$640\,000\,mm^2 = 0{,}64\,m^2$

20. a) $14{,}80\,m^2$; $2{,}83\,m^2$; $580\,m^2$; $7060\,m^2$; $3{,}78\,m^2$; $3500000\,m^2$; $1308\,m^2$; $0{,}085\,m^2$

b) $725\,mm^2$; $730\,m^2$; $1408\,cm^2$; 34 ha; $7060\,m^2$; $45650\,cm^2$; 3 a; $18250\,dm^2$; $3092\,mm^2$; $1387\,350\,m^2$

21.

$7{,}65\,m^2 = 765\,dm^2$	$18\,ha\ 7\,a = 18{,}07\,ha$	$872{,}5\,dm^2 = 0{,}08725\,a$
$72\,mm^2 = 0{,}72\,cm^2$	$8\,ha\ 70\,a = 0{,}087\,km^2$	$3\,dm^2\ 75\,cm^2 = 37500\,mm^2$
$0{,}03\,km^2 = 300\,a$	$7500\,mm^2 = 0{,}75\,dm^2$	$4\,a\ 80\,dm^2 = 400{,}8\,m^2$
$2{,}315\,dm^2 = 23150\,mm^2$	$0{,}002\,m^2 = 20\,cm^2$	1,2 Mio $m^2 = 1{,}2\,km^2$

22. a)

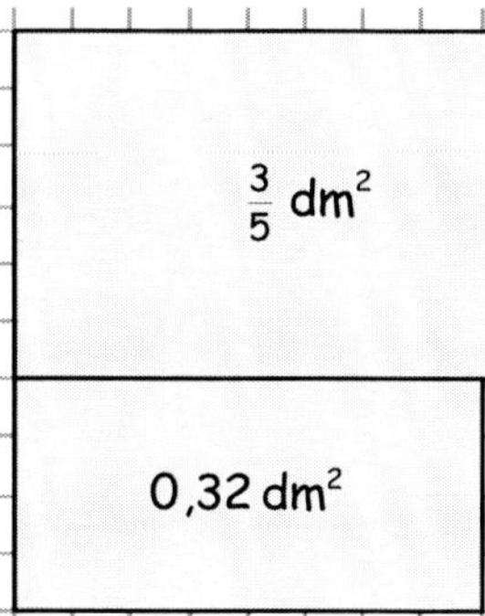

$\frac{3}{5}\ \mathrm{dm}^2 + 0{,}32\ \mathrm{dm}^2$

$= 60\ \mathrm{cm}^2 + 32\ \mathrm{cm}^2$

$= 92\ \mathrm{cm}^2$

b)

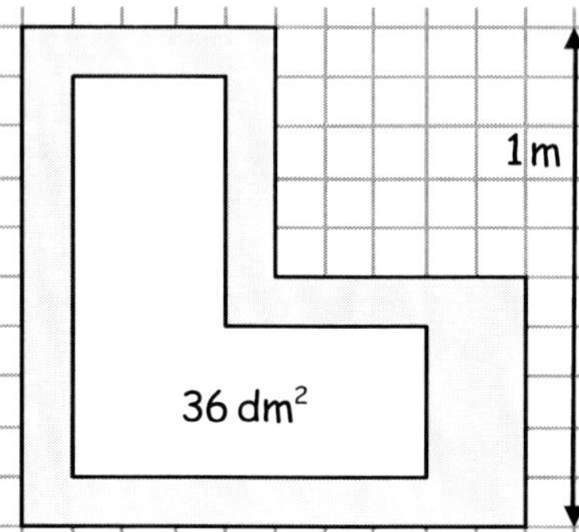

$\frac{3}{4}\ \mathrm{m}^2 - 36\ \mathrm{dm}^2$

$= 75\ \mathrm{dm}^2 - 36\ \mathrm{dm}^2$

$= 39\ \mathrm{dm}^2$

23. a) $68\ \mathrm{mm}^2$ c) 405 a e) $632\ \mathrm{m}^2$

b) $2{,}75\ \mathrm{m}^2$ d) 85 ha f) $925\,\mathrm{cm}^2$

Berechnungen am Rechteck

24. a) a = 19 m ; b = 6 m

- Flächeninhalt: $A = 19\ \mathrm{m} \cdot 6\ \mathrm{m} = 114\ \mathrm{m}^2$
- Umfang: $U = 2 \cdot (19\ \mathrm{m} + 6\ \mathrm{m}) = 2 \cdot 25\ \mathrm{m} = 50\ \mathrm{m}$

b) a = 0,3 m ; b = 25 cm

- Flächeninhalt: $A = 0{,}3\ \mathrm{m} \cdot 25\ \mathrm{cm} = 30\ \mathrm{cm} \cdot 25\ \mathrm{cm} = 750\ \mathrm{cm}^2$
- Umfang: $U = 2 \cdot (30\ \mathrm{cm} + 25\ \mathrm{cm}) = 2 \cdot 55\ \mathrm{cm} = 110\ \mathrm{cm}$

c) $A = 60\,\mathrm{km}^2,\ U = 34\,\mathrm{km}$ d) $A = 30\,\mathrm{cm}^2,\ U = 23\,\mathrm{cm}$

25. a) 12,5 a. b) 12,5 a $=$ 0,125 ha $= \frac{1}{8}$ ha. Ja.

26. a) ---

b) 623,7 cm^2

c) $16 \cdot 623{,}7\ \text{cm}^2 = 9979{,}2\ \text{cm}^2 \approx 1\ \text{m}^2$

d) Breite 84 cm (eigentlich 84,1 cm), Höhe 118,8 cm (eigentlich 118,9 cm)
Der DIN A**4**-Bogen entsteht z. B. durch **vier**maliges Falten eine A0-Bogens.

27. a) $A = 126\ \text{m}^2$; $a = 18\ \text{m}$

$a \cdot b = A$

$18\ \text{m} \cdot b = 126\ \text{m}^2$

$b = 126\ \text{m}^2 : 18\ \text{m} = 7\ \text{m}$

Die andere Seite ist 7 m lang.

b) $A = 21\ \text{a}$; $b = 35\ \text{m}$

$a \cdot b = A$

$a \cdot 35\text{m} = 2100\ \text{m}^2$

$a = 2100\ \text{m}^2 : 35\ \text{m} = 60\ \text{m}$

Die andere Seite ist 60 m lang.

c) $b = 8\,\text{cm}$ d) $a = 7{,}5\,\text{m}$ e) $b = 80\,\text{m}$

28. a)

a	12cm	20m	13mm	5m
b	8cm	18m	29mm	4m
A	96cm²	3,6a	377mm²	20m²
U	40cm	76m	84mm	18m

b)

a	4cm	7cm	100m	13km
A	16cm²	49cm²	1ha	169km²
U	16cm	28cm	400m	52km

29. a) *A* verdoppelt sich.

b) *A* vervierfacht sich.

c) *A* bleibt gleich.

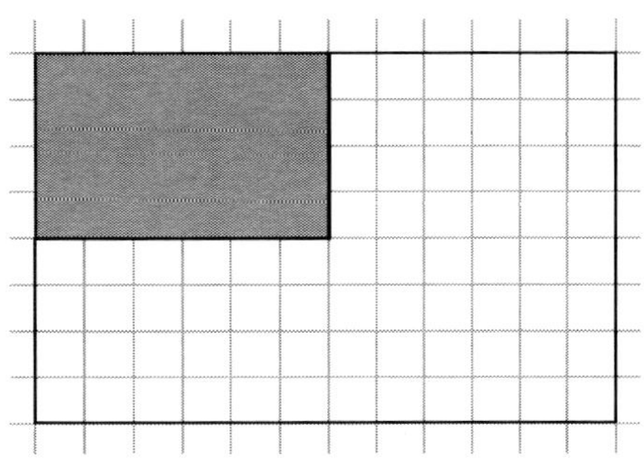

30. a)

Welcher Bruchteil von 35 m² sind 20 m²?

$20\,m^2 = \frac{20}{35}$ von $35\,m^2 = \frac{4}{7}$ von $35\,m^2$

b) $30a = \frac{30}{75}$ von 75a $= \frac{2}{5}$ von 75a

c)

- $36\,cm^2 = \frac{36}{48}$ von $48\,cm^2 = \frac{3}{4}$ von $48\,cm^2$ = 75% von $48\,cm^2$
- $40\,km^2 = \frac{40}{24}$ von $24\,km^2 = \frac{5}{3}$ von $24\,km^2$
- $20\,mm^2 = \frac{20}{100}$ von $1\,cm^2 = \frac{1}{5}$ von $1\,cm^2$ = 20% von $1\,cm^2$
- $65\,m^2 = \frac{65}{100}$ von 1 a $= \frac{13}{20}$ von 1 a = 65% von 1 a

d)

Dein Schätzwert:

Rechnung: $9\ cm^2 = \frac{9}{25}$ von $25\ cm^2$

$= \frac{36}{100}$ von $25\ cm^2$

= 36% von $25\ cm^2$

36% der Fläche sind dunkel markiert.

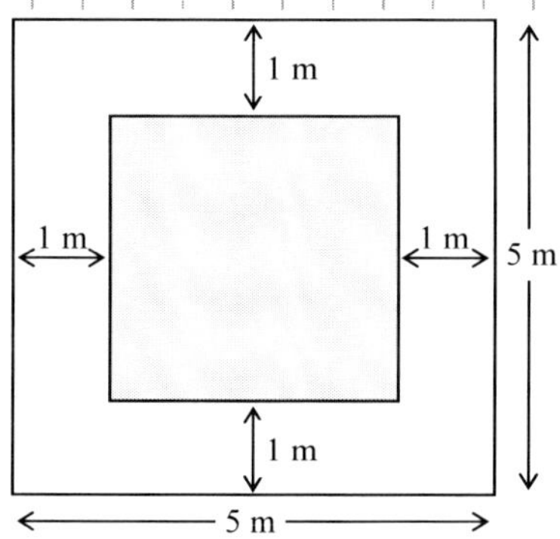

31. a)

$12\ cm^2 : 5 = 1200\ mm^2 : 5$

$= 240\ mm^2 = 2{,}4\ cm^2$

- $0{,}6\,cm^2$
- 17 a
- $7\ cm^2$

32. a)

$20\ m^2 : 1{,}25\ m^2$

$= 2000\ dm^2 : 125\ dm^2 = 16$

b)

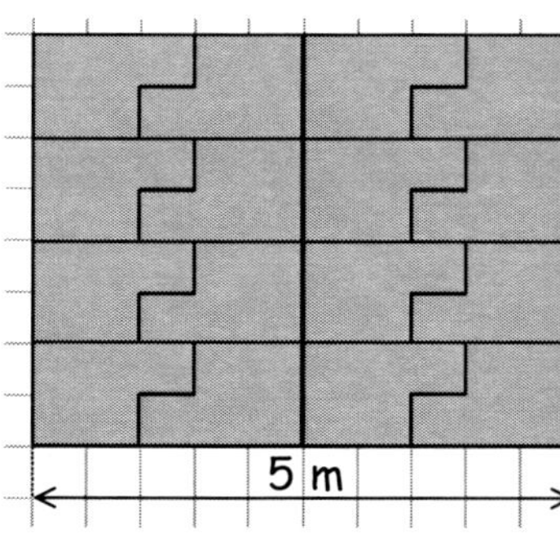

c)

- 11
- 6
- 5

33. a) Das rechtwinklige Dreieck wird zu einem Rechteck ergänzt.

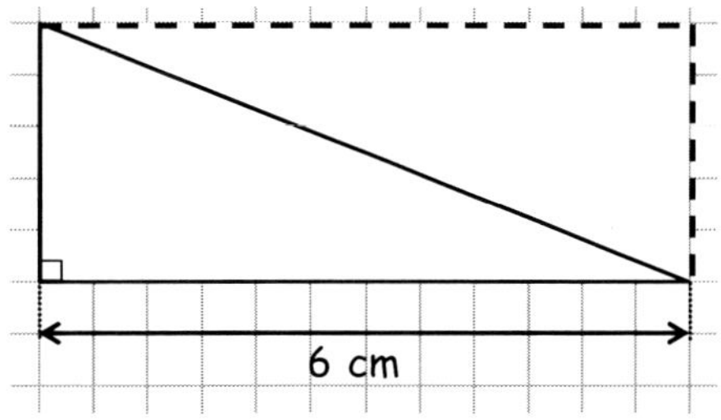

$$A_{\text{rechtw. Dreieck}} = A_{\text{Rechteck}} : 2$$
$$= 6\,\text{cm} \cdot 2{,}5\,\text{cm} : 2$$
$$= 15\,\text{cm}^2 : 2$$
$$= 7{,}5\,\text{cm}^2$$

b) 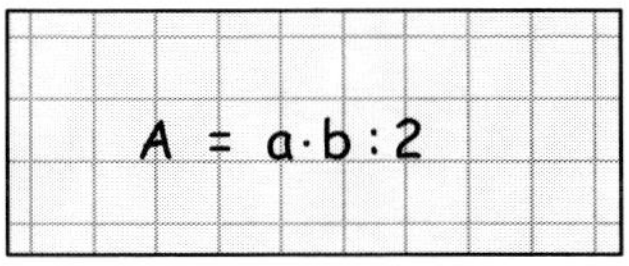

c) $A = 16\,\text{m} \cdot 25\,\text{m} : 2 = 400\,\text{m}^2 : 2 = 200\,\text{m}^2$

d) $A = 113\,\text{mm} \cdot 113\,\text{mm} : 2 = 12\,769\,\text{mm}^2 : 2 = 6384{,}5\,\text{m}^2 \approx 64\,\text{cm}^2$

34. $A = 36\,\text{cm}^2$; $a = 6\,\text{cm}$

35. a) $A = 6\,\text{m} \cdot 7\,\text{m} + 16\,\text{m} \cdot 5\,\text{m} = 122\,\text{m}^2$

b) $A = 20\,\text{m} \cdot 24\,\text{m} + 16\,\text{m} \cdot 12\,\text{m} + 36\,\text{m} \cdot 12\,\text{m} = 1104\,\text{m}^2$

c) $A = 15\,\text{m} \cdot 16\,\text{m} - 8\,\text{m} \cdot 4\,\text{m} = 208\,\text{m}^2$

d) $A = 1\,\text{m} \cdot 1\,\text{m} + 2{,}5\,\text{m} \cdot 1\,\text{m} + 3\,\text{m} \cdot 1\,\text{m} + 4\,\text{m} \cdot 1\,\text{m} + 3{,}5\,\text{m} \cdot 1\,\text{m} + 1{,}5\,\text{m} \cdot 1\,\text{m} = 15{,}5\,\text{m}^2$

36. a)

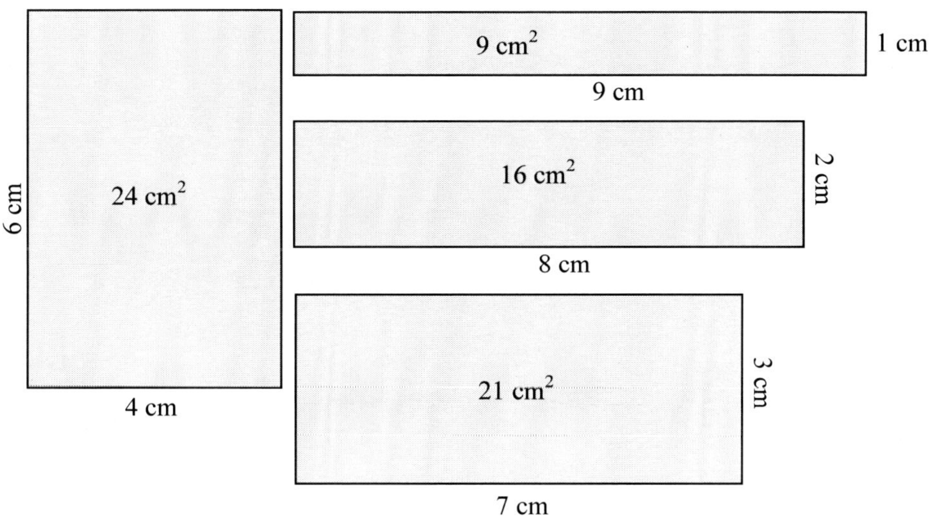

b) $U = 2 \cdot (49\,\text{mm} + 51\,\text{mm}) = 2 \cdot 100\,\text{mm} = 2 \cdot 10\,\text{cm} = 20\,\text{cm}$; A=24,99 cm²

c) Das Quadrat ist das Rechteck mit $U = 20\,\text{cm}$ und dem größten Flächeninhalt.

37. a) Alle abgebildeten Rechtecke haben den gleichen Flächeninhalt, aber verschiedene Umfänge.

b)

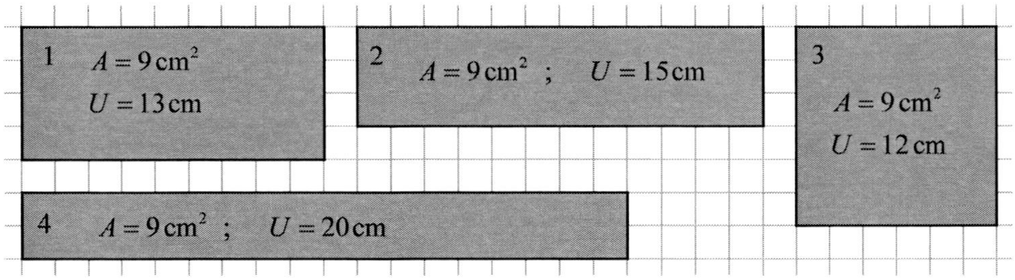

c) Gibt es unter allen Rechtecken mit dem Flächeninhalt $9\,\text{cm}^2$ eines mit kleinstem Umfang? Vermutung: Quadrat

Sachaufgaben

38. a) Rechnung: $4560\,\text{m}^2 : 5 = 912\,\text{m}^2$

Antwort: Jedes Grundstück ist $912\,\text{m}^2$ groß.

b) Ja, denn $4560\,\text{m}^2 : 760\,\text{m}^2 = 6$.

c) 7 Grundstücke und ein Restgrundstück von $360\,\text{m}^2$.

39. Rechnung: $670 \cdot (115\,€ + 26\,€) = 94\,470\,€$

Antwort: Familie Wagner muss insgesamt $94\,470\,€$ bezahlen.

40. Rechnung:

Fläche der beiden vorhandenen Grundstücke: $A = 84\,\text{m} \cdot 18\,\text{m} + 72\,\text{m} \cdot 15\,\text{m} = 2592\,\text{m}^2$

Breite des neuen Grundstücks: $b = 2592\,\text{m}^2 : 96\,\text{m} = 27\text{m}$

Antwort: Das neue Grundstück ist 27m breit.

41. Gesamtfläche: $20\,\text{m} \cdot 25\,\text{m} = 500\,\text{m}^2$

bebaute Fläche: $12\,\text{m} \cdot 11\,\text{m} + 6\,\text{m} \cdot 3\,\text{m} = 150\,\text{m}^2$; nicht bebaut: $350\,\text{m}^2$

prozentualer Anteil: $\frac{350\,\text{m}^2}{500\,\text{m}^2} = \frac{70}{100} = 70\%$.

42. Rechnung: $6\text{ a} = 600\ \text{m}^2$.

Für $600\,\text{m}^2$ braucht Herr Grün $600 \cdot 70\text{g} = 42000\text{g} = 42\text{ kg}$.

$42\text{ kg} : 10\text{ kg} = 4$ Rest 2 kg

Antwort: Herr Grün braucht 5 Packungen.

43. a) Rechnung: Teppichboden: $4{,}5\,\text{m} \cdot 3{,}4\,\text{m} = 15{,}3\,\text{m}^2$

Fußleisten: $2 \cdot (4{,}5\,\text{m} + 3{,}4\,\text{m}) - 0{,}9\,\text{m} = 14{,}9\,\text{m}$

Antwort: Herr Franz muss 15,3 m^2 Teppichboden und 14,9 m Fußleisten kaufen.

b) Rechnung: Decke: $15{,}3\,\text{m}^2$

Wände: $2 \cdot (2{,}5\,\text{m} \cdot 4{,}5\,\text{m} + 2{,}5\,\text{m} \cdot 3{,}4\,\text{m}) = 39{,}5\,\text{m}^2$

insgesamt: $54{,}8\,\text{m}^2$

Antwort: Es werden $8\,\ell$ Farbe benötigt.

44. a) Rechnung: Länge: $3{,}60\,\text{m} : 20\,\text{cm} = 18$

Breite: $1{,}40\,\text{m} : 20\,\text{cm} = 7$

Anzahl der Platten: $18 \cdot 7 = 126$

Antwort: Man braucht 126 Platten.

b) Rechnung: Länge: $3{,}60\,\text{m} : 30\,\text{cm} = 12$

Breite: $1{,}40\,\text{m} : 20\,\text{cm} = 7$

Anzahl der Platten: $12 \cdot 7 = 84$

Antwort: Man braucht 84 Platten, die ohne Schnitt verlegbar sind.

45.

Raum	Flächeninhalt
Küche	12 m^2
Bad	6 m^2
Eltern	20 m^2
Kind 1	16 m^2
Kind 2	15 m^2
Wohnzimmer	31 m^2
Diele	20 m^2
Summe	120 m^2

46. Rechnung: Anzahl der Platten: $(5\,400\,\text{cm} : 45\,\text{cm}) \cdot (270\,\text{cm} : 45\,\text{cm}) = 720$

Fläche des Bürgersteigs: $A = 54\,\text{m} \cdot 2{,}70\,\text{m} = 145{,}8\,\text{m}^2$

Preis der Platten:	$720 \cdot 5{,}50\,€$	=	$3\,960{,}00\,€$
Arbeitslohn:	$2 \cdot 16 \cdot 35\,€$	=	$1\,120{,}00\,€$
sonstige Materialkosten:	$145{,}8 \cdot 4\,€$	=	$583{,}20\,€$
	Gesamtkosten:		$5\,663{,}20\,€$

47. a)

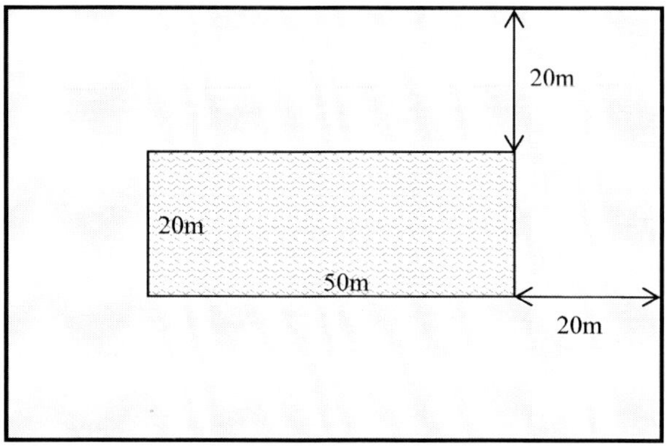

b) Rechnung: Rasenfläche: $90\,\text{m} \cdot 60\,\text{m} - 50\,\text{m} \cdot 20\,\text{m} = 4\,400\,\text{m}^2$

benötigte Menge an Grassamen: $40\frac{\text{g}}{\text{m}^2} \cdot 4\,400\,\text{m}^2 = 176\,000\,\text{g} = 176\,\text{kg}$

Antwort: Es werden 176 kg Grassamen benötigt.

c) Rechnung: $2 \cdot (90\,\text{m} + 60\,\text{m}) = 300\,\text{m}$

Antwort: Der Zaum muss 300 m lang sein.

48. Rechnung:

$$
\begin{aligned}
x + (x + 2{,}2\,\text{a}) &= 1620\,\text{m}^2 \\
2x + 220\,\text{m}^2 &= 1620\,\text{m}^2 \\
2x &= 1400\,\text{m}^2 \\
x &= 700\,\text{m}^2
\end{aligned}
$$

Antwort: Ein Grundstück ist $700\,\text{m}^2$ groß, das andere 920 m^2.

49. a) $a = 50\,\text{km}$ bzw. $51\,\text{km}$

b) $771\,\text{km}^2$

c) $1010\,000 : 2570 = 392{,}99\ldots \approx 393$ Einwohner pro km^2

d) Z. B. 16% von $2570\,\text{km}^2$ = 16% von 257000 ha = 41120 ha $\approx$ 411 km^2. Stimmt!

50. $9 \cdot 14 = 126$ Knöpfe.

Kreisfläche

51. $\underbrace{2r^2}_{\uparrow \text{ kleines Quadrat}} < A < \underbrace{4r^2}_{\uparrow \text{ großes Quadrat}}$.

Das kleine Quadrat ist in 4 Dreiecke zerlegt, die sich zu einem Rechteck mit den Seitenlängen r und $2r$ zusammenlegen lassen. $\Rightarrow$ $A = r \cdot 2r = 2r^2$. Dieser Flächeninhalt ist offensichtlich kleiner als der der Kreisfläche.

Das große Quadrat hat die Seitenlänge $2r$ und damit den Flächeninhalt $2r \cdot 2r = 4r^2$. Dieser Flächeninhalt ist offensichtlich größer als der der Kreisfläche.

52.
- Gib Länge und Breite des Rechtecks an: Länge U : 2 ; Breite r.
- Was folgt für den Flächeninhalt A des Kreises?

$A = (U:2) \cdot r = (2 \cdot \pi \cdot r : 2) \cdot r = \pi \cdot r \cdot r = \pi \cdot r^2$

Flächeninhalt eines Kreises mit dem Radius r: $A = \pi \cdot r^2$

Kreiszahl: $\pi \approx 3.14$ (lies: „pi")

53. Ergebnis: $1963\,\text{mm}^2$

54.

Radius r/mm	Flächeninhalt A des Kreises/mm²	$A : r^2$ (auf 2 Dezimalen gerundet)
30	2 827	3,14
40	5 027	3,14
50 (Aufg. 50)	7 854	3,14
60	11 310	3,14

Auswertung: Für alle Kreise gilt: $A : r^2 = \pi$ (= 3,14...).

Ergebnis:

Flächeninhalt eines Kreises mit dem Radius r: $A = \pi \cdot r^2$

Kreiszahl: $\pi \approx 3.14$ (lies: „pi")

55. a) $A = \pi \cdot r^2 \approx 3{,}14 \cdot 225\ \text{cm}^2$

$A \approx 706{,}5\ \text{cm}^2$

NR:

3,	1	4	·	2	2	5
		6	2	8		
			6	2	8	
		1	1₁	5₁	7	0
		7	0	6,	5	0

b)

r	10 m	8 cm	44 mm	1,2 km
A	314 m²	201 cm²	6079 mm²	4,5216 km²

c) $A = 4\pi\ \text{m}^2$, $U = 4\pi$ m: gleiche Maßzahl!

56. a) Umfang des Maars: $U = 3{,}14 \cdot 700\,\text{m} = 2198\,\text{m}$. Ja!

b) Fläche des Maars: $A = 3{,}14 \cdot (350\,\text{m})^2 = 384\,650\,\text{m}^2 = 38{,}465\,\text{ha}$

57. Rechnung: $(14\,\text{cm})^2 - 3{,}14 \cdot (7\,\text{cm})^2 = 42{,}14\,\text{cm}^2$

Antwort: Es muss $42{,}14\,\text{cm}^2$ Abfall in Kauf genommen werden.

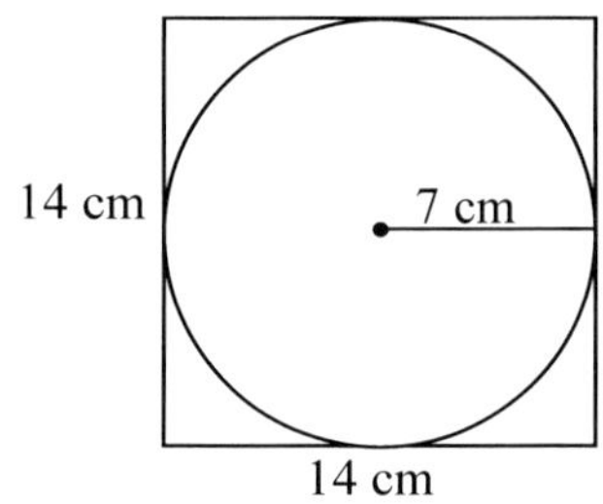

58. a) Abweichung: $0{,}14 \cdot 25\,\text{cm}^2 = 3{,}5\ \text{cm}^2$.

b) $4\frac{1}{2}\%$ von $78{,}5\ \text{cm}^2 = \frac{45}{1000}$ von $7850\,\text{mm}^2 = 353{,}25\,\text{mm}^2 \approx 3{,}5\ \text{cm}^2$.

59. a) $A \approx 1{,}57\,\text{m}^2$, $U \approx 5{,}14\,\text{m}$

b) $A \approx 28{,}26\,\text{cm}^2$, $U \approx 21{,}42\,\text{cm}$

c) $A \approx 15{,}7\,\text{cm}^2$, $U \approx 16{,}28\,\text{cm}$

60. a) $U' = 2\pi \cdot (2r) = 2 \cdot 2\pi r = 2 \cdot U$, U verdoppelt sich.

b) $A = \pi \cdot (2r)^2 = \pi \cdot 4r^2 = 4 \cdot \pi r^2$, A vervierfacht sich.

61. a) $A = 453{,}25\,\text{cm}^2$

b) $A = 636{,}17\,\text{cm}^2$

c) $A = 15{,}7\,\text{cm}^2$

d) $A = 343\,\text{cm}^2$

e) $A = A_{\text{Rechteck}} + A_{\text{Halbkreis}} - A_{\text{Kreis}} = 775{,}93\,\text{mm}^2$

f) $A = A_{\text{Rechteck}} - A_{\text{Kreis}} = 13{,}76\,\text{m}^2$

62. $A = A_{\text{Halbkreis}} + (A_{\text{Rechteck}} - 2 \cdot A_{\text{Viertelkreis}}) == 8\,\text{cm}^2$.

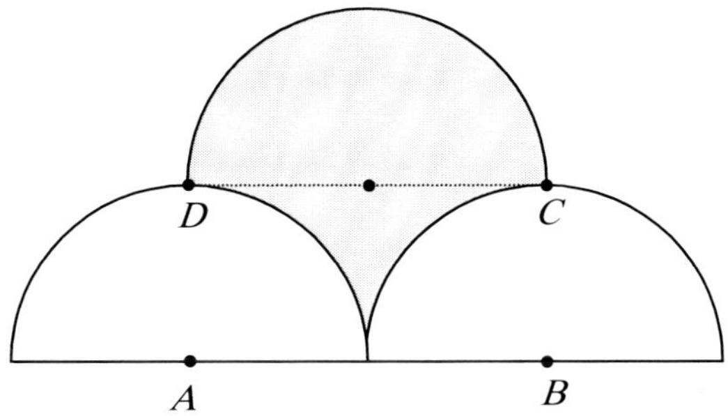

8

Teilbarkeit der natürlichen Zahlen

Teiler und Vielfache

1. a) In jeder Gruppe sind 120 : 8 = 15 Schüler.
   b) Nein, denn die Division 150 : 8 geht nicht auf.
   c) Man kann jede Zahl n wählen, für die die Division 150 : n aufgeht:
   $n \in \{1, 2, 3, 5, 6, 10, 15, 25, 30, 50, 75, 150\}$.

2. a) Ist 9 Teiler von 1242?

```
1242 : 9 = 138
 9
 34
 27
  72
  72
   0
```

Ergebnis: $9 \mid 1242$.

b) Ist 1334 durch 16 teilbar?

```
1334 : 16 = 83 Rest 6
128
  54
  48
   6
```

Ergebnis: $16 \nmid 1334$.

c) Ja, denn $2590 : 35 = 74$.

d) Nein, denn $4018 : 13 = 309$ Rest 1

e) Ja, denn $6157 : 47 = 131$.

f) Ja, denn $25418 : 71 = 358$.

3. a) Z. B. $23 \cdot 47 = 20 \cdot 47 + 3 \cdot 47 = 940 + 141 = 1081$ (oder schriftlich rechnen).
   b) $1081 : 23 = 47$, die Division geht auf.
   c) Unterschiedliche Sprechweisen für denselben Sachverhalt:
   - 23 ist Teiler von 1081.
   - 1081 ist durch 23 teilbar.
   - 1081 ist Vielfaches von 23.

   d) Silvester hat Recht, denn $1081 : 47 = 23$.
   e) ---

4.

1 ist Teiler von 23.	r
8 ist teilbar durch 24.	f
0 ist durch 12 teilbar.	r
17 ist Vielfaches von 17.	r

6 ist Vielfaches von 24.	f
6 ist Teiler von 24.	r
49 | 7	f
7 | 49	r

5.
a) Schreibe alle Teiler von 1 auf: 1

b) Welche Zahlen sind durch 1 teilbar? Alle.

c) Gib alle Teiler von 0 an: Alle natürlichen Zahlen außer 0.

d) Gibt es Zahlen, die durch 0 teilbar sind? Nein.

6. a)
- 1 und 667
- $667 : 23 = 29$ (z. B. durch schriftliche Division)
- 29

b) **Genau zwei Teiler** haben z. B. die Zahlen 2, 3, 5, 7, 11, 13.
Solche Zahlen heißen **Primzahlen**.

c) Die Zahl 1 hat nur einen Teiler (sich selbst).

d) Jede Zahl größer oder gleich 2 hat mindestens zwei Teiler, nämlich 1 und sich selbst.

7. Da 900 durch 75, aber nicht durch 80 teilbar ist, sollten die 75 cm langen Randsteine verwendet werden; man benötigt $900 : 75 = 12$ Randsteine.

Teilermengen

Die Menge aller Teiler von b heißt **Teilermenge** von b, in Zeichen $T(b)$.

Teilermenge von 16:

T(16) = {1, 16, 2, 8, 4}

8. a) $T(21)=\{1,3,7,21\}$

b) $T(25)=\{1,5,25\}$

c) $T(13)=\{1,13\}$ 13 ist Primzahl.

d) $T(40)=\{1,2,4,5,8,10,20,40\}$

e) $T(0)=\mathbb{N}^*$

f) $T(1)=\{1\}$

9. a) T(48) = {1, 2, 3, 4, 6, 8, 12, 16, 24, 48}

b) Du kannst die Suche abkürzen, da du immer zwei Teiler auf einmal findest!

48 : 2 = 24

2 und 24 sind Teiler von 48.

T(48) = {1, 48, 2, 24, 3, 16, 4, 12, 6, 8}

c) T(60) = {1, 60, 2, 30, 3, 20, 4, 15, 5, 12, 6, 10}

T(100) = {1, 100, 2, 50, 4, 25, 5, 20, 10}

10. a)

Wir können die Suche nach Teilern von b auf die Zahlen beschränken, deren Quadrat kleiner oder gleich b ist.

b) Zu prüfen ist bis 13. T(171) = {1, 171, 3, 57, 9, 19}.

11. a) $T(112)=\{1,112,2,56,4,28,7,16,8,14\}$

b) $T(140)=\{1,140,2,70,4,35,5,28,7,20,10,14\}$

c) $T(143)=\{1,143,11,13\}$

d) $T(180)=\{1,180,2,90,3,60,4,45,5,36,6,30,9,20,10,18,12,15\}$

e) $T(260)=\{1,260,2,130,4,65,5,52,10,26,13,20\}$

12. Das sind Silvesters Hausaufgaben. Verbessere die Fehler und ergänze die Lücken.

a) T(12) = {1, 2, 3, **4**, 6, 12}

b) T(**15**) = {1, 3, 5, 15}

c) T(10) = {~~0~~, 1, 2, 5, 10}

d) T(17) = {1, 17}

e) T(21) = {**1**, 3, 7, 21}

f) T(**55**) = {1, 5, 11, 55}

g) T(44) = {1, 4, **2**, **22**, 11, 44}

h) T(**91**) = {1, 7, 13, **91**}

13. a)

n	1	2	3	4	5	6	7	8	9	10
Teileranzahl	1	2	2	3	2	4	2	4	3	4

n	11	12	13	14	15	16	17	18	19	20
Teileranzahl	2	6	2	4	4	5	2	6	2	6

n	30	40	50	60	70	80	90	100		
Teileranzahl	8	8	6	12	8	10	12	9		

b) Quadratzahlen haben eine ungerade Anzahl von Teilern: n^2 hat den Teiler n, und der Ergänzungsteiler ist wieder n.

Teilbarkeit von Summe und Differenz

14. a)

a	b	c	a | b ?	a | c ?	a | b + c ?	a | b - c ?
6	30	12	ja	ja	ja	ja
7	49	14	ja	ja	ja	ja
15	135	15	ja	ja	ja	ja
8	48	20	ja	nein	nein	nein
9	50	27	nein	ja	nein	nein
12	72	38	ja	nein	nein	nein

Summenregel:

- Wenn a die Zahlen b und c teilt, dann teilt a auch ihre Summe und Differenz.
- Wenn a nur eine der beiden Zahlen b und c teilt, dann teilt a ihre Summe und Differenz nicht.

b) Wurzels Zweifel sind berechtigt, denn 4 teilt nicht 18 und auch nicht 14, wohl aber 32 und 4.

15. a)

8 | 640 + 56	w
7 | 560 - 75	f
13 | 127 + 910	f

67 | 6700 - 134	w
73 | 7303 - 730	f
15 | 160 + 140	w

b)

12 | 360 + 108 + 84	w
9 | 27 + 63 + 100	f
16 | 80 + 88 - 96	f

7 | 21 + 35 + 56 + 77	w
15 | 125 + 105 - 75 - 30	f
15 | 125 + 105 - 65 - 30	w

16. a)

$348 = \underbrace{320}_{8 \mid 320} + \underbrace{28}_{8 \nmid 28}$

Also: 8 ist kein Teiler von 348.

b) $544 = \underbrace{560}_{8 \mid 560} - \underbrace{16}_{8 \nmid 16}$ (oder: 544 = 480 + 64)

Also: 8 ist Teiler von 544.

c)

6 | 414	414 = 420 - 6
9 ∤ 439	439 = 450 - 11
12 | 672	672 = 600 + 72

13 ∤ 773	773 = 780 - 7
15 | 975	975 = 900 + 75
17 | 901	901 = 850 + 51

d)

7 teilt	168	245	~~307~~	~~365~~	413	~~549~~	763	2947

17. Voraussetzung: a | b und a | c .

Behauptung: a | b + c

Beweis: Nach Voraussetzung gehen die Divisionen b : a und c : a auf,

also b : a = p und c : a = q mit p, q ∈ $\mathbb{N}$.

Wir testen nun, ob die Division b + c durch a aufgeht:

(b + c) : a = b : a + c : a = p + q

Die Division geht auf, a teilt also auch b + c.

Teilbarkeit eines Produktes

18. a)

a	b	c	a | b ?	a | c ?	a | b·c ?
3	9	15	ja	ja	ja
5	7	10	nein	ja	ja
7	14	4	ja	nein	ja

Produktregel

Wenn a die Zahl b oder die Zahl c teilt, dann teilt a auch das Produkt.

b) Silvesters Behauptung ist falsch, denn 6 teilt nicht 4 und auch nicht 9, aber 36.

19. a) $27 \mid 27$ b) $12 \mid 48$ c) $17 \mid 102$ d) $13 \mid 13$ e) $18 \mid 108$ f) $17 \mid 85$

20. a) $4 \mid 100$ b) $8 \mid 1000$ c) $3 \mid 999$

21.

7 teilt $42 \cdot 57 + 35$.	r
$93 \cdot 48 - 128$ ist teilbar durch 16.	r
$84 \cdot 37 + 96$ ist Vielfaches von 14.	f
$17 \mid 17 \cdot 18 \cdot 19 - 15 \cdot 16 \cdot 17$	r

$3 \mid 2 \cdot 3 \cdot 5 \cdot 7 \cdot 11 + 1$.	f
$5^7 + 7$ ist Vielfaches von 5.	f
7 teilt $2^5 \cdot 7^3 \cdot 13^4$.	r
$12^7 - 15^4$ ist durch 3 teilbar.	r

22. a) Wurzel zerlegt das Produkt aus zwei Faktoren in weitere Faktoren und fasst dann zwei so zusammen, dass sich der Faktor 12 ergibt.

b) $22 \cdot 57 \cdot 49 = \underline{2} \cdot 11 \cdot \underline{3} \cdot 19 \cdot \underline{7} \cdot 7 = \underline{42} \cdot 7 \cdot 11 \cdot 19$

Teilbarkeitsregeln für 2, 4, 5, 8 und 10

23. a) Wurzel betrachtet die Endziffer.

b)

5736	... ist teilbar durch ...	2	~~5~~	~~10~~
7685		~~2~~	5	~~10~~
8370		2	5	10
9559		~~2~~	~~5~~	~~10~~
4700		2	5	10

c) Eine Zahl ist teilbar durch

- 2, wenn ihre Endziffer durch zwei teilbar ist;
- 5, wenn ihre Endziffer 0 oder 5 ist;
- 10, wenn ihre Endziffer 0 ist

und sonst nicht.

d) Wenn die genannte Bedingung nicht erfüllt ist, dann ist die Zahl auch nicht teilbar durch 2 bzw. 5 bzw. 10.

24. a)

- $11^1 - 1 = 11 - 1 = 10$
- $11^2 - 1 = 121 - 1 = 120$
- $11^3 - 1 = 1331 - 1 = 1330$
- $11^4 - 1 = 14641 - 1 = 14640$

b) Die Potenzen 11^n enden auf 1; die Endziffer von $11^n - 1$ $(n \neq 0)$ ist also 0.

c) 2 und 5.

25. a) Wurzel zerlegt die Zahl in eine Summe, und zwar derart, dass der erste Summand ein Vielfaches von 100 ist und der zweite möglichst klein ist. Dann wendet sie die Summenregel an: Sie weiß, dass der erste Summand als Vielfaches von 100 durch 4 teilbar ist und muss jetzt nur noch prüfen, ob der zweite Summand durch 4 teilbar ist. Da 28 durch 4 teilbar ist, ist auch $5300 + 28 = 5328$ durch 4 teilbar.

b)

- Ist 746 durch 4 teilbar?

  $746 = \underbrace{700}_{4 \mid 700} + \underbrace{46}_{4 \nmid 46}$

  Also: 4 ist kein Teiler von 746.

- Ist 1440 durch 4 teilbar?

  $1440 = \underbrace{1400}_{4 \mid 1400} + \underbrace{40}_{4 \mid 40}$

  Also: 4 ist Teiler von 1400.

c)

4830	7512	9904	8782	15 176

d)

Teilbarkeitsregel für 4

Eine Zahl ist durch 4 teilbar, wenn die aus ihren letzten zwei Ziffern gebildete Zahl durch 4 teilbar ist, und sonst nicht.

26. a)

~~7018~~	27572	133596	~~672842~~	7 Millionen	$10^9 + 8$	~~$5^4 + 1$~~	$9^3 - 1$

b) Der Fall $n = 1$ ist klar. Für $n \geq 2$ enden die Potenzen von 5^n auf 25. Die beiden letzten Ziffern von $5^n - 1$ stellen die Zahl 24, d. h. eine durch 4 teilbare Zahl dar.

27. a)

8 teilt die Vielfachen von 1000.

$7320 = \underbrace{7000}_{8 \mid 7000} + \underbrace{320}_{8 \mid 320}$

Also: 8 teilt 7320.

b)

- Ist 17162 durch 8 teilbar? $17162 = \underbrace{17000}_{8 \mid 17000} + \underbrace{162}_{8 \nmid 162}$

  Also: 8 teilt 17162 nicht.

c)

Teilbarkeitsregel für 8
Eine Zahl ist durch 8 teilbar, wenn die aus ihren letzten drei Ziffern gebildete Zahl durch 8 teilbar ist, und sonst nicht.

28. 3256 — 9432 bzw. 9472

5720 bzw. 5728 — 16128 bzw. 16328 bzw. 16528 bzw. 16728 bzw. 16928

6504 bzw. 6544 bzw. 6584 — Es gibt keine Lösung.

29.

teilbar durch	2	4	5	8	10
17850	X	-	X	-	X
19172	X	X	-	-	-
23512	X	X	-	X	-
34675	-	-	X	-	-
39200	X	X	X	X	X
45740	X	X	X	-	X
50858	X	-	-	-	-
77910	X	-	X	-	X

Teilbarkeitsregeln für 3 und 9

30.

a	150	307	135	2419	10293	999999
Q(a)*	6	10	9	16	15	54
3 | a ?	ja	nein	ja	nein	ja	ja
3 | Q(a) ?	ja	nein	ja	nein	ja	ja

* $Q(a)$ = Quersumme von a.

31. In dieser Aufgabe klären wir, warum die Quersummenregel funktioniert.

a) Zeige, dass die Zahl 4578 so dargestellt werden kann:

$$4578 = 4\cdot999+5\cdot99+7\cdot9 + Q(4578) .$$

$4\cdot999 + 5\cdot99 + 7\cdot9 + Q(4578)$

$= \underline{3996} + \underline{\underline{495}} + 63 + \underline{4} + \underline{\underline{5}} + 7 + \underline{8}$

$= 4000 + 500 + 70 + 8 = 4578$

b)

7234	$= 7\cdot999 + 2\cdot99 + 3\cdot9 + Q(7234)$
2775	$= 2\cdot999 + 7\cdot99 + 7\cdot9 + Q(2775)$
738	$= 7\cdot99 + 3\cdot9 + Q(738)$
87651	$= 8\cdot9999 + 7\cdot999 + 6\cdot99 + 5\cdot9 + Q(87651)$

c) Da 9, 99, 999, ... durch 3 teilbar sind, kommt es letztendlich auf die Quersumme an. Ist diese durch 3 teilbar, dann ist die Zahl durch 3 teilbar, sonst nicht.

Die Quersummen von 2775, 738 und 87651 sind durch 3 teilbar und damit auch die Zahlen selbst.

d) Da 9, 99, 999, ... auch durch 9 teilbar sind, verläuft die Untersuchung auf Teilbarkeit durch 9 auf gleiche Weise.

Die Quersummen von 738 und 87651 sind durch 9 teilbar und damit auch die Zahlen selbst.

e) Eine Zahl ist teilbar durch ...

- ... 3, wenn ihre Quersumme durch 3 teilbar ist,
- ... 9, wenn ihre Quersumme durch 9 teilbar ist,

und sonst nicht.

32.

~~3371~~	4416	(5040)	(7524)	46 677	111 111
~~207 809~~	(818 181)	~~3 125 099~~	(123 456 789)	($10^9 - 1$)	~~$10^9 + 1$~~

a) ——— b) ⬭

33.

a) 45 _ 8 soll durch 3 teilbar sein.	1, 4, 7
b) 87 _ 04 soll durch 9 teilbar sein.	8
c) 9 _ 132 soll durch 3, aber nicht durch 9 teilbar sein.	0, 6, 9
d) 661 _ soll durch 2 und durch 3 teilbar sein.	2, 8

34.

a) $9 \mid 2961 + 5061$	f	d) $3 \mid 771^2$	r
b) $3 \mid 10101 - 3120$	r	e) $9 \mid 909 \cdot 155 + 2071$	f
c) $3 \mid 741 \cdot 882$	r	f) $9 \mid (3468 + 824) \cdot 765$	r

35. a)

6	12	18	24	30	36	42	48	54	60	66	...

b) Eine Zahl ist durch 6 teilbar, wenn sie durch 2 und durch 3 teilbar ist, und sonst nicht.

c)

920292	~~2222222~~	~~5604+8326~~	$315 \cdot 4402$	$23781 - 7227$	$10^{12} + 2$

36. 4418 € ist kein Vielfaches von 9 €.

Mögliche Beträge: 4401€ ; 4410€ ; 4419€ ; 4428€ ; 4437€ ; 4446€ .

37. a) / b)

teilbar durch	2	3	4	5	6	7	8	9
5824	x	-	x	-	-	x	x	-
6615	-	x	-	x	-	x	-	x
9102	x	x	-	-	x	-	-	-
7560	x	x	x	x	x	x	x	x
7695	-	x	-	x	-	-	-	x
8442	x	x	-	-	x	x	-	x
5423	-	-	-	-	-	-	-	-
8680	x	-	x	x	-	x	x	-
4753	-	-	-	-	-	x	-	-

38.

Steckbrief	Ergebnis
Die durch 9 teilbare Zahl, die der 4000 am nächsten liegt.	3996
Die kleinste sechsstellige durch 3 teilbare Zahl.	100 002
Die größte durch 6 teilbare Zahl unter 500000 .	499 998
Die kleinste Zahl mit genau 5 Teilern.	16
Die Zahl mit den meisten Teilern.	0
Die kleinste Zahl mit den Teilern 3, 5 und 7.	105
Die kleinste durch 7 teilbare Zahl, die bei Division durch 8 den Rest 1 lässt.	49

Wenn-dann-Aussagen

39. a) Wurzels Aussage ist wahr, Silvesters Aussage falsch.

b) 1. Wenn die Quersumme einer Zahl durch 3 teilbar ist, dann ist auch die Zahl durch 3 teilbar. [w]

2. Wenn die Quersumme einer Zahl durch 3 teilbar ist, dann ist die Zahl durch 6 teilbar. [f]

3. Wenn eine Zahl durch 6 teilbar ist, dann ist sie auch durch 3 teilbar. [w]

4. Wenn eine Zahl durch 6 teilbar ist, dann ist ihre Quersumme durch 3 teilbar. [w]

40. a) Es gibt Zahlen, die durch 5 teilbar sind, aber nicht auf 5 enden, z. B. die Zahl 10.

b) Es gibt Zahlen, die durch 4, aber nicht durch 8 teilbar sind, z. B. die Zahl 4 selbst.

c) Es gibt Zahlen, die Teiler von 36, aber nicht Teiler von 12 sind, z. B. die Zahl 9.

d) Es gibt Zahlen, die auf 6 enden und durch 7 teilbar sind, z. B. die Zahl 56.

e) Es gibt Zahlen, die durch 3 und 6, aber nicht durch 18 teilbar sind, z. B. die Zahl 12.

41. a) Wenn die Quersumme einer Zahl durch 9 teilbar ist, dann ist auch die Zahl durch 9 teilbar.

Wenn die Quersumme einer Zahl nicht durch 9 teilbar ist, dann ist auch die Zahl nicht durch 9 teilbar.

b) Wenn eine Zahl (nicht) auf 0 endet, dann ist sie (nicht) durch 10 teilbar.

c) Wenn die letzten beiden Ziffern einer Zahl (nicht) eine durch 4 teilbare Zahl darstellen, dann ist sie (nicht) durch 4 teilbar.

d) Wenn eine Zahl (nicht) auf 0 oder 5 endet, dann ist sie (nicht) durch 5 teilbar.

42. a) Wenn $a \mid b$ und $a \mid c$, dann $a \mid b \cdot c$. [r]

Wenn $a \mid b \cdot c$, dann $a \mid b$ und $a \mid c$. [f]

b) Wenn 2 eine Zahl teilt, dann teilt auch 6 diese Zahl. [f]

Wenn 6 eine Zahl teilt, dann teilt auch 2 diese Zahl. [r]

c) Wenn $3 \nmid \mathrm{b}$, dann $9 \nmid \mathrm{b}$. [r]

Wenn $9 \nmid \mathrm{b}$, dann $3 \nmid \mathrm{b}$. [f]

d) Wenn $a \mid b$, dann $a \mid b^2$. [r]

Wenn $a \mid b^2$, dann $a \mid b$. [f]

e) Wenn die letzten beiden Ziffern eine durch 8 teilbare Zahl darstellen, dann ist die Zahl durch 8 teilbar. [f]

Wenn eine Zahl durch 8 teilbar ist, dann stellen die letzten beiden Ziffern eine durch 8 teilbare Zahl dar. [f]

Primzahlen

43.

1	(2)	(3)	4	(5)	6	(7)	8	9	10	(11)	12
(13)	14	15	16	(17)	18	(19)	20	21	22	(23)	24
25	26	27	28	(29)	30	(31)	32	33	34	35	36
(37)	38	39	40	(41)	42	(43)	44	45	46	(47)	48
49	50	51	52	(53)	54	55	56	57	58	(59)	60

44. Wurzel und Silvester wollen herausfinden, ob 211 eine Primzahl ist. Sie beschließen, wie in Aufgabe 10 die Teilermenge $T(211)$ zu bestimmen.

a) $T(211) = \{1, 211\}$, Teilersuche abgebrochen bei 15, denn $15^2 > 211$.

b) Wurzel hat Recht.

Wenn 211 nicht durch 2 teilbar ist, kann 211 auch nicht mehr durch irgendein Vielfaches von 2 teilbar sein.

Wenn 211 nicht durch 3 teilbar ist, kann 211 auch nicht mehr durch irgendein Vielfaches von 3 teilbar sein. Usw.

Es genügt also, die Primzahlen zu untersuchen.

45. Prüfe, ob 307 eine Primzahl ist.

Primzahl x	Quadrat < 307?	Teiler von 307?	Begründung
2	ja	nein	Endziffer 7
3	ja	nein	Quersumme 10
5	ja	nein	Endziffer 7
7	ja	nein	307 = 280 + 27
11	ja	nein	307 = 330 - 23
13	ja	nein	307 = 260 + 47
17	ja	nein	307 = 340 - 33
19	nein	---	---
Ergebnis: 307 ist eine Primzahl.			

46. Die Primzahlen sind eingekreist.

197	**313**	481	589
203	**419**	527	**601**
253	**421**	**563**	1067

47.

61	~~63~~	~~65~~	**67**	~~69~~	**71**	**73**	~~75~~	~~77~~	**79**
~~81~~	**83**	~~85~~	~~87~~	**89**	~~91~~	~~93~~	~~95~~	**97**	~~99~~
101	**103**	~~105~~	**107**	**109**	~~111~~	**113**	~~115~~	~~117~~	~~119~~
~~121~~	~~123~~	~~125~~	**127**	~~129~~	**131**	~~133~~	~~135~~	**137**	**139**
~~141~~	~~143~~	~~145~~	~~147~~	**149**	**151**	~~153~~	~~155~~	**157**	~~159~~

Als letztes streichen wir die Vielfachen von 11.

48. Silvester benötigt rund 5800 Blätter.

49. a) $T(28) = \{1, 28, \boxed{2}, 14, 4, \boxed{7}\}$

b)

100	105	210	125
2, 5	3, 5, 7	2, 3, 5, 7	5

19	1	0	1111
19	---	alle Primzahlen	11, 101

50.

Zahl	7324	5215	8001	3751	4697	2227	6539	1081
kleinster Primfaktor	2	5	3	11	7	17	13	23

51. a) 90

b) $xyxy = 101 \cdot xy$

52. a) **Vorübung**

Betrachte die Zahl $a = 2\cdot3\cdot5\cdot7\cdot11\cdot13+1 = 30031$.

- $2 \mid 2\cdot3\cdot5\cdot7\cdot11\cdot13$ und $2 \nmid 1$, also $2 \nmid a$. Das gleiche gilt für 3, 5, 7, 11 und 13.
- Jede Zahl hat mindestens einen Primfaktor.
- $30031 : 59 = 509$.

b) **Beweis von Euklid**

Wie viele Primzahlen gibt es?

Annahme: Es gibt nur endlich viele Primzahlen.

Wir listen die Primzahlen der Größe nach auf:

$$2, 3, 5, \ldots, p \quad (= \text{größte Primzahl}).$$

Wir betrachten nun die Zahl

$$a = 2\cdot3\cdot5\cdot\ldots\cdot p + 1.$$

a ist nicht teilbar durch 2, 3, 5, ... , p.

Da $a > 1$ ist, hat a einen von 2, 3, 5, ... , p verschiedenen Primfaktor.

2, 3, 5, ... , p können nicht alle Primzahlen sein.

c) Es gibt unendlich viele Primzahlen.

Primfaktorzerlegung

53.

a) $30 = 2 \cdot 3 \cdot 5$	d) $125 = 5 \cdot 5 \cdot 5$
b) $77 = 7 \cdot 11$	e) $80 = 2 \cdot 2 \cdot 2 \cdot 2 \cdot 5$
c) $36 = 2 \cdot 2 \cdot 3 \cdot 3$	f) $130 = 2 \cdot 5 \cdot 13$

Die Faktoren sind Primzahlen.

54. Primfaktorzerlegungen

$20 = 2 \cdot 2 \cdot 5$	$25 = 5 \cdot 5$	$30 = 2 \cdot 3 \cdot 5$
$21 = 3 \cdot 7$	$26 = 2 \cdot 13$	$31 = 31$
$22 = 2 \cdot 11$	$27 = 3 \cdot 3 \cdot 3$	$32 = 2 \cdot 2 \cdot 2 \cdot 2 \cdot 2$
$23 = 23$	$28 = 2 \cdot 2 \cdot 7$	$33 = 3 \cdot 11$

55. a) Wurzel zerlegt 6600 in ein naheliegendes Produkt. Die Faktoren zerlegt sie nun weiter in Produkte, bis ausschließlich Primfaktoren dastehen.

b) Silvester prüft zunächst, ob und wie oft 2 Faktor ist, dann prüft er 3, 5, 7, ..., bis er letztendlich ein Produkt aus lauter Primzahlen hat.

c)

$$\begin{aligned} 3400 &= 34 \cdot 100 \\ &= 2 \cdot 17 \cdot 2 \cdot 50 \\ &= 2 \cdot 17 \cdot 2 \cdot 2 \cdot 25 \\ &= 2 \cdot 17 \cdot 2 \cdot 2 \cdot 5 \cdot 5 \\ &= 2^3 \cdot 5^2 \cdot 17 \end{aligned}$$

$$\begin{aligned} 3400 &= 2 \cdot 1700 \\ &= 2 \cdot 2 \cdot 850 \\ &= 2 \cdot 2 \cdot 2 \cdot 425 \\ &= 2 \cdot 2 \cdot 2 \cdot 5 \cdot 85 \\ &= 2 \cdot 2 \cdot 2 \cdot 5 \cdot 5 \cdot 17 \\ &= 2^3 \cdot 5^2 \cdot 17 \end{aligned}$$

56.

$700 = 2 \cdot 350 = 2 \cdot 2 \cdot 175 = 2 \cdot 2 \cdot 5 \cdot 35 = 2 \cdot 2 \cdot 5 \cdot 5 \cdot 7 = 2^2 \cdot 5^2 \cdot 7$

$700 = 10 \cdot 70 = 2 \cdot 5 \cdot 7 \cdot 2 \cdot 5 = 2^2 \cdot 5^2 \cdot 7$

$700 = 35 \cdot 20 = 5 \cdot 7 \cdot 2 \cdot 2 \cdot 5 = 2^2 \cdot 5^2 \cdot 7$

$700 = 25 \cdot 28 = 5 \cdot 5 \cdot 2 \cdot 2 \cdot 7 = 2^2 \cdot 5^2 \cdot 7$

In allen Fällen ergibt sich dieselbe Primfaktorzerlegung.

57. a) $2 \cdot 3 \cdot 5 \cdot 23$ d) $2^3 \cdot 3^2 \cdot 7$ g) $3 \cdot 5^2 \cdot 13$ j) $5^3 \cdot 43$

b) $2 \cdot 3^3 \cdot 5 \cdot 7$ e) $3^3 \cdot 23$ h) $2 \cdot 7^2 \cdot 31$ k) $3 \cdot 11^2 \cdot 17$

c) $2^2 \cdot 5^2 \cdot 11^2$ f) $7^2 \cdot 11$ i) $3 \cdot 7 \cdot 13 \cdot 19$ l) $3 \cdot 7 \cdot 11 \cdot 13 \cdot 37$

58. $a = 12 \cdot 17 \cdot 10 \cdot 15 = 2^3 \cdot 3^2 \cdot 5^2 \cdot 17$

$b = 21 \cdot 12 \cdot 22 \cdot 25 = 2^3 \cdot 3^2 \cdot 5^2 \cdot 7 \cdot 11$

$c = 8 \cdot 15 \cdot 21 \cdot 55 = 2^3 \cdot 3^2 \cdot 5^2 \cdot 7 \cdot 11$

$d = 30^2 \cdot 34 = 2^2 \cdot 3^2 \cdot 5^2 \cdot 17$

$e = 51 \cdot 30 \cdot 20 = 2^2 \cdot 3^2 \cdot 5^2 \cdot 17$

$f = 22 \cdot 15^2 \cdot 28 = 2^3 \cdot 3^2 \cdot 5^2 \cdot 7 \cdot 11$

Vergleich: $a = d = e$ und $b = c = f$.

59. a)

$140 = 2^2 \cdot 5 \cdot 7$	$5 = 5$	$20 = 2^2 \cdot 5$
	$7 = 7$	$28 = 2^2 \cdot 7$
$2 = 2$	$10 = 2 \cdot 5$	$35 = 5 \cdot 7$
$4 = 2^2$	$14 = 2 \cdot 7$	$70 = 2 \cdot 5 \cdot 7$

b) Die von 1 verschiedenen Teiler einer Zahl sind die Teilprodukte (einzelne Faktoren eingeschlossen) ihrer Primfaktorzerlegung.

c) Primfaktorzerlegung: $275 = 5^2 \cdot 11$

Alle Teilprodukte von $5^2 \cdot 11$: $5, 11, 5^2, 5 \cdot 11, (5^2 \cdot 11)$

Teilermenge: $T(275) = \{1, 5, 11, 25, 55, 275\}$

d) ① $T(2401) = \{1, 7, 7^2, 7^3, 7^4\} = \{1, 7, 49, 343, 2401\}$

② $T(7843) = \{1, 11, 23, 31, 11 \cdot 23, 11 \cdot 31, 23 \cdot 31, 11 \cdot 23 \cdot 31\}$
$= \{1, 11, 23, 31, 253, 341, 713, 7843\}$

③ $T(1521) = \{1, 3, 13, 3^2, 13^2, 3 \cdot 13, 3^2 \cdot 13, 3 \cdot 13^2, 3^2 \cdot 13^2\}$
$= \{1, 3, 13, 9, 169, 69, 117, 507, 1521\}$

60. a) Die Zweierpotenzen.

b) $2 \cdot 3 \cdot 5 \cdot 7 \cdot 11 = 2310$.

c) Nein, die kleinste solche Zahl ist $101 \cdot 103 > 10^4$.

d) $3 \cdot 7^3 = 1029$, $3^3 \cdot 7^2 = 1323$, $3^5 \cdot 7 = 1701$.

Gemeinsame Teiler

61. Günstige Kantenlängen: 20 cm und 40 cm .

62. a)

$T(28) = \{1, 28, 2, 14, 4, 7\}$

$T(42) = \{1, 42, 2, 21, 3, 14, 6, 7\}$

$T(28, 42) = \{1, 2, 7, 14\}$

b)

- $T(30) = \{1, 2, 3, 5, 6, 10, 15, 30\}$, $T(45) = \{1, 3, 5, 9, 15, 45\}$ → $T(30, 45) = \{1, 3, 5, 15\}$
- $T(18) = \{1, 2, 3, 6, 9, 18\}$, $T(63) = \{1, 3, 7, 9, 21, 63\}$ → $T(18, 63) = \{1, 3, 9\}$
- $T(52) = \{1, 2, 4, 13, 26, 52\}$, $T(65) = \{1, 5, 13, 65\}$ → $T(52, 65) = \{1, 13\}$
- $T(27) = \{1, 3, 9, 27\}$, $T(85) = \{1, 5, 17, 85\}$ → $T(27, 85) = \{1\}$
- $T(75) = \{1, 75, 3, 25, 5, 15\}$, $T(100) = \{1, 100, 2, 50, 4, 25, 5, 20, 10\}$ → $T(75, 100) = \{1, 5, 25\}$
- $T(18) = \{1, 18, 2, 9, 3, 6\}$, $T(90) = \{1, 90, 2, 45, 3, 30, 5, 18, 6, 15, 9, 10\}$ → $T(18, 90) = \{1, 18, 2, 9, 3, 6\} = T(18)$

c)

- ggT(30,45) = 15
- ggT(52,65) = 13
- ggT(75,100) = 25
- ggT(18,63) = 9
- ggT(27,85) = 1
- ggT(18,90) = 18

63. ggT-Bestimmung

a)
T(48) = {1, 48, 2, 24, 3, 16, 4, 12, 6, 8}
= {1, 2, 3, 4, 6, 8, 12, 16, 24, 48}
ggT(48, 108) = 12

b) • ggT(27,57) = 3 • ggT(32,80) = 16 • ggT(35,54) = 1 • ggT(28,77) = 7

c) Die Teilermenge von 142 hat viel weniger Elemente als die von 60, nämlich nut vier Elemente! ggT(60,142) = 2.

d) **Schnelltest**

ggT(6,9) = 3	ggT(8,24) = 8	ggT(28,44) = 4
ggT(20,8) = 4	ggT(10,12) = 2	ggT(30,75) = 15
ggT(14,21) = 7	ggT(11,12) = 1	ggT(68,51) = 17
ggT(7,1) = 1	ggT(27,45) = 9	ggT(0,12) = 12

64. a) Silvester Aussage stimmt. Damit haben 33 und 100 außer der 1 keine gemeinsamen Teiler.

b) 5, 7, 11, 13, 17, 19, 23, 25, 29, 31, 35, 37, 41, 43, 47, 49

c) Da 101 eine Primzahl ist, gibt es 99 teilerfremde Zahlen kleiner als 101, nämlich alle Zahlen von 2 bis 100.

d) Falsch, die Zahl 1 ist gemeinsamer Teiler aller Zahlen.

e) Wahr oder falsch?

- Zwei gerade Zahlen sind nie teilerfremd. [w]
- Eine Primzahl ist zu jeder anderen Zahl teilerfremd. [f]
- Zahlen mit der gleichen Quersumme sind nie teilerfremd. [f]
- Zwei verschiedene Primzahlen sind immer teilerfremd. [w]
- Eine Zahl und ihr Nachfolger sind immer teilerfremd. [w]

65. a)

ggT(66cm, 24cm) = 6cm

Die Stücke sind 6cm lang,

Wurzel erhält 11 + 4 = 15 Stücke

b)

- 66cm : 24cm = 2 Rest 18cm
  Wurzel hat nun drei 24cm-Stäbe
  und einen 18cm-Stab.

- Die 24cm-Stäbe werden nun in 18cm-Stäbe zersägt:
  24cm : 18cm = 1 Rest 6cm
  Wurzel hat nun vier 18cm-Stäbe
  und drei 6cm-Stäbe.

- Sie zersägt die 18cm-Stäbe in 6cm-Stäbe:
  18cm : 6cm = 3 Rest 0cm
  Alle Stäbe sind nun 6cm lang.
  Anzahl der Stücke: 4·3 + 3 = 15.

66. a) ggT(391,115) = ?

391 : 115 = 3 Rest 46
345
46

115 : 46 = 2 Rest 23
92
23

46 : 23 = 2 Rest 0

ggT(391,115) = 23

b) ggT(2988,702) = ?

2988 : 702 = 4 Rest 180
2808
180

702 : 180 = 3 Rest 162
540
162

180 : 162 = 1 Rest 18
162 : 18 = 9 Rest 0

ggT(2988,702) = 18

c) ggT(435,150) = 15 d) ggT(319,1131) = 29 e) ggT(4956,2100) = 84

f) ggT(2812,76) = 76 g) ggT(2812,75) = 1

67. a) $T(140, 252) = T(28) = \{1, 2, 4, 7, 14, 28\}$

b) ① $T(72, 312) = T(24) = \{1, 2, 3, 4, 6, 8, 12, 24\}$

② $T(147, 245) = T(49) = \{1, 7, 49\}$

③ $T(1404, 3588) = T(156) = \{1, 2, 3, 4, 6, 12, 13, 26, 39, 52, 78, 156\}$

68. a) 15 = ggT(510, 300).

b) 30 cm.

c) In Fall a) werden 680 Fliesen benötigt, in b) 170 Fliesen. Somit hat Silvester Recht.

69. a) Die möglichen Abstände sind die gemeinsamen Teiler: 1 m, 2 m, 3 m, 6 m .

b) Abstand: ggT(54 m, 30 m) = 6 m
Anzahl: 28

70. a) Silvesters Behauptung ist richtig. Eine Mögliche Methode:

Ich betrachte die Teilermenge der kleinsten Zahl. Ich suche in dieser Menge abwärts, bis ich erstmals auf eine Zahl treffe, die auch die beiden anderen Zahlen teilt.

b)

ggT(12,18,21) = 3	ggT(28,42,49) = 7	ggT(36,60,84) = 12
ggT(8,12,20) = 4	ggT(14,15,16) = 1	ggT(30,105,135) = 15

71. gesuchte Länge: ggT(80 cm, 112 cm, 176 cm) = 16 cm
Anzahl der Stücke: $80:16 + 112:16 + 176:16 = 5+7+11 = 23$

Gemeinsame Vielfache

72 a)

	6.00	6.09	6.18	6.27	6.36
A	6.45	6.54	7.03	7.12	7.21
	7.30	7.39	7.48	7.57	8.06

B	6.00	6.15	6.30	6.45	7.00
	7.15	7.30	7.45	8.00	8.15

b) gemeinsame Abfahrtszeiten:

6.00	6.45	7.30	8.15	9.00
9.45	10.30	11.15	12.00	12.45

73. a) V(9) = { 9, 18, 27, 36, 45, 54, 63, 72, 81, 90, 99, 108, ... }

V(15) = { 15, 30, 45, 60, 75, 90, 105, 120, 135, 150, 165, ... }

V(9, 15) = { 45, 90, 135, ... }

b)

- $V(10) = \{10, 20, 30, 40, 50, 60, \dots\}$, $V(6) = \{6, 12, 18, 24, 30, 36, 42, \dots\}$ → $V(6,10) = \{30, 60, 90, \dots\}$
- $V(7) = \{7, 14, 21, 28, 35, 42, \dots\}$, $V(3) = \{3, 6, 9, 12, 15, 18, 21, 24, \dots\}$ → $V(7,3) = \{21, 42, 63, \dots\}$
- $V(14) = \{14, 28, 42, 56, 70, \dots\}$, $V(8) = \{8, 16, 24, 32, 40, 48, 56, \dots\}$ → $V(8,14) = \{56, 112, 168, \dots\}$
- $V(16) = \{16, 32, 48, 64, 80, 96, \dots\}$, $V(12) = \{12, 24, 36, 48, 60, \dots\}$ → $V(12,16) = \{48, 96, 144, \dots\}$
- $V(36) = \{36, 72, 108, 144, \dots\}$, $V(27) = \{27, 54, 81, 108, 135, \dots\}$ → $V(27,36) = \{108, 216, 324, \dots\}$
- $V(51) = \{51, 102, 153, \dots\}$, $V(17) = \{17, 34, 51, 68, 85, 102, \dots\}$ → $V(17,51) = \{51, 102, 153, \dots\} = V(51)$

c) **kgV(9,15) = 45**

- kgV(10,6) = 30
- kgV(14,8) = 56
- kgV(36,27) = 108
- kgV(7, 3) = 21
- kgV(16,12) = 48
- kgV(51,17) = 51

74. a) Gemeinsame Vielfache: $61 \cdot 41 = 2501$;

weitere gemeinsame Vielfache: 5002, 7503, ...

b) Alle Vielfachen von $a \cdot b$ sind gemeinsame Vielfache von a und b.

c) $a \cdot b$ ist ein gemeinsames Vielfaches, $\text{kgV}(a, b)$ ist das kleinste gemeinsame Vielfache.

d) $\text{kgV}(4, 6) = 12 < 4 \cdot 6$, $\text{kgV}(2, 3) = 6 = 2 \cdot 3$

75. a) V(15) = { 15, 30, 45, 60, 75, 90, 105, 120, 135, 150, 165, ... }

kgV(12, 15) = 60

b) V(12) = {12, 24, 36, 48, 60, 72, 84, ...}

kgV(12, 15) = 60

Nachteil: mehr Teilbarkeitstests erforderlich

c)
- kgV(9,12) = 36
- kgV(25,15) = 75
- kgV(14,16) = 112
- kgV(172,43) = 172

d) kgV(20,25) = 100; V(20,25) = V(100).

76.

kgV(2,4) = 4	kgV(7,3) = 21	kgV(9,4) = 36
kgV(2,5) = 10	kgV(9,3) = 9	kgV(5,6) = 30
kgV(1,7) = 7	kgV(4,6) = 12	kgV(5,8) = 40
kgV(3,4) = 12	kgV(4,5) = 20	kgV(6,8) = 24

77. a) $\text{kgV}(8\,\text{min}, 10\,\text{min}) = 40\,\text{min}$
Nach 40 Minuten fahren wieder ein Zug und ein Bus gleichzeitig ab.

b) 6.00 Uhr, 8.00 Uhr, 10.00 Uhr, ...

78. a) kgV(21 cm, 15 cm) = 105 cm. Das Quadrat hat z. B. die Seitenlänge 105 cm.

b)
- 105 cm
- $A = 11025\,\text{cm}^2$; $U = 420\,\text{cm}$
- $5 \cdot 7 = 35$ Plättchen

79. a) Silvesters Behauptung ist richtig. Eine Mögliche Methode:

Ich betrachte die Vielfachenmenge der größten Zahl. Ich suche in dieser Menge aufwärts, bis ich erstmals auf eine Zahl treffe, die auch Vielfaches der beiden anderen Zahlen ist.

b)

kgV(2,3,4) = 12	kgV(3,4,7) = 84	kgV(4,5,9) = 180
kgV(2,5,6) = 30	kgV(3,7,9) = 63	kgV(5,8,10) = 40
kgV(2,3,6) = 6	kgV(4,6,9) = 36	kgV(7,10,12) = 420

80. Ina und Karina: Alle 20 Tage.
Silvia und Karina: Alle 30 Tage.
Ina und Silvia: Alle 12 Tage.
Alle drei: Alle 60 Tage.

81. Der kleinste gemeinsame Teiler ist stets 1,
ein größtes gemeinsames Vielfaches gibt es nicht.

ggT, kgV und Primfaktorzerlegung

82. a) Primfaktorzerlegung der beiden Zahlen:

$1764 = 2^2 \cdot 3^2 \cdot 7^2$; $1890 = 2 \cdot 3^3 \cdot 5 \cdot 7$

- 1764 hat 27 Teiler (Wieso?). Gib einige davon an:

  2, 3, 7, 4, 9, 49, 6, ...

- 1890 hat 32 Teiler. Gib einige davon an:

  2, 3, 5, 7, 9, 27, 6, ...

- Gib sechs gemeinsame Teiler von 1764 und 1890 an:

  $2, 3^2, 7, 2 \cdot 3, 3 \cdot 7, 3^2 \cdot 7$

- Suche den größten gemeinsamen Teiler:

  $\text{ggT}(1764, 1890) = 2 \cdot 3^2 \cdot 7 = 126$

b) Ich zerlege die beiden Zahlen in Primfaktoren. Ich bilde das Produkt der niedrigsten Potenzen aller gemeinsamen Primfaktoren. Das ist der ggT.

83. a) ① 24 ② 1 e) 490

b) ① $\{1, 5, 13, 65\}$

② $\{1, 3\}$

③ $\{1, 2, 3, 4, 6, 9, 12, 18, 27, 36, 54, 108\}$

84. a) Primfaktorzerlegung der beiden Zahlen:

$126 = 2 \cdot 3^2 \cdot 7$; $132 = 2^2 \cdot 3 \cdot 11$

- Gib einige Vielfache von 126 in Primfaktordarstellung an:

  Z. B. $2 \cdot 3^2 \cdot 7 \cdot 11$

- Gib einige Vielfache von 132 in Primfaktordarstellung an:

  Z. B. $2^2 \cdot 3 \cdot 11 \cdot 7$

- Gib vier gemeinsame Vielfache von 126 und 132 an:

  $2^2 \cdot 3^2 \cdot 7 \cdot 11$, $2^3 \cdot 3^2 \cdot 7 \cdot 11$, $2^2 \cdot 3^3 \cdot 7 \cdot 11$, $2^2 \cdot 3^2 \cdot 7 \cdot 11 \cdot 5$

- Suche das kleinste gemeinsame Vielfache:

  $\text{kgV}(126, 132) = 2^2 \cdot 3^2 \cdot 7 \cdot 11 = 2772$.

b) Ich zerlege die beiden Zahlen in Primfaktoren. Ich bilde das Produkt der höchsten Potenzen aller vorkommenden Primfaktoren. Das ist das kgV.

85. a) 273 c) 1323 e) 6006
b) 490 d) 696 f) 3420

86. a) $\text{ggT}(104, 156, 195) = 13$
b) $\text{ggT}(180, 405, 525) = 15$
c) $\text{ggT}(297, 440, 750) = 1$
d) $\text{ggT}(1080, 1296, 1800) = 72$

$\text{ggT}(630, 924, 1176) = ?$

$630 = 2 \cdot 3^2 \cdot 5 \cdot 7$

$924 = 2^2 \cdot 3 \cdot 7 \cdot 11$

$1176 = 2^3 \cdot 3 \cdot 7^2$

$\text{ggT} = 2 \cdot 3 \cdot 7 = 42$

87. a) $\text{kgV}(26, 27, 39) = 702$
b) $\text{kgV}(33, 42, 77) = 462$
c) $\text{kgV}(154, 286, 364) = 4004$
d) $\text{kgV}(357, 408, 952) = 2856$

$\text{kgV}(36, 56, 63) = ?$

$36 = 2^2 \cdot 3^2$

$56 = 2^3 \cdot 7$

$63 = 3^2 \cdot 7$

$\text{kgV} = 2^3 \cdot 3^2 \cdot 7 = 504$

Vermischte Aufgaben

88. a) Falsch (Quersumme 25).
b) Richtig (Summenregel).
c) Richtig ($3 \mid 789$, Produktregel).
d) Falsch, denn 62 ist kein Vielfaches von 4.
e) Falsch ($13 \nmid 2$, Summenregel).
f) Richtig, denn 6^{11} endet auf 6, $6^{11}+4$ auf 0.

89. a) $\{1, 2, 4, 7, 14, 28\}$
b) $\{1, 29\}$
c) $\{0, 9, 18, 27, \dots\}$
d) $\{1, 3\}$
e) $\{3, 6, 15, 30\}$
f) $\{1, 2, 3, 4, 6, 11, 12\}$
g) $\{16, 20, 32, 80, 160\}$
h) $\{52, 56, 60, 64, 68\}$

90. a) Die Aussage stimmt bei den Primzahlen 5, 7, 11, 13, 17, 19, 23, 29, 31, 37.
b) Nein, z. B. die 35 (25) erfüllen die Bedingung nicht.
c) 4, 6, 8, 9, 10, 12, 15, 16, 18, …
Die Zahlen sind gerade oder durch 3 teilbar und damit keine Primzahlen.

91. Silvester hat im Fall ③ nicht Recht:

$$a = 4^2 \cdot 3^2 = 4 \cdot 4 \cdot 3^2 = 2 \cdot 2 \cdot 2 \cdot 2 \cdot 3^2 = 2^4 \cdot 3^2,$$

$$b = 2^2 \cdot 6^2 = 2^2 \cdot 6 \cdot 6 = 2^2 \cdot 2 \cdot 3 \cdot 2 \cdot 3 = 2^4 \cdot 3^2 = a.$$

In ③ waren keine Primfaktorzerlegungen gegeben.

92. a)

$4 = 2^2$	$49 = 7^2$	$144 = 2^4 \cdot 3^2$	$289 = 17^2$
$9 = 3^2$	$64 = 2^6$	$169 = 13^2$	$324 = 2^2 \cdot 3^4$
$16 = 2^4$	$81 = 3^4$	$196 = 2^2 \cdot 7^2$	$361 = 19^2$
$25 = 5^2$	$100 = 2^2 \cdot 5^2$	$225 = 3^2 \cdot 5^2$	$400 = 2^4 \cdot 5^2$
$36 = 2^2 \cdot 3^2$	$121 = 11^2$	$256 = 2^8$	

b) Eine Zahl ist genau dann Quadratzahl, wenn in ihrer Primfaktorzerlegung nur gerade Exponenten vorkommen.

c) $5776 = \dots = 2^4 \cdot 19^2 = 76^2$.

93.

ggT(12,8) = 4	ggT(36,54) = 18	ggT(56,42) = 14
kgV(12,8) = 24	kgV(6,9) = 18	kgV(3,37) = 111
ggT(49,28) = 7	ggT(64,49) = 1	ggT(180,270) = 90
kgV(4,7) = 28	kgV(25,30) = 150	kgV(54,12) = 108

94. a)

a	4	9	15	7	5	0
b	10	12	25	21	9	8
ggT(a,b)	2	3	5	7	1	8
kgV(a,b)	20	36	75	21	45	0
ggT(a,b)·kgV(a,b)	40	108	375	147	45	0
a·b	40	108	375	147	45	0

$ggT(a, b) \cdot kgV(a, b) = a \cdot b$.

b) $ggT(56, 98) = 14$; $kgV(56, 98) = 56 \cdot 98 : 14 = 392$.

95. a) $637 = 7^2 \cdot 13$

$T(275) = \{1, 7, 7^2, 13, 7 \cdot 13, 7^2 \cdot 13\}$

$= \{1, 7, 13, 49, 91, 637\}$

b) In jede Stufe des Teilerbaumes schreibt Wurzel die 1, einen Primteiler und – falls dieser Primteiler als Primfaktor mehrfach auftritt – die höheren Potenzen dieses Primfaktors. Der Baum hat also so viele Stufen wie die Zahl Primteiler hat.

Alle Teiler der Zahl ergeben sich als Wege dieses Baumes; 637 hat demnach 6 Teiler.

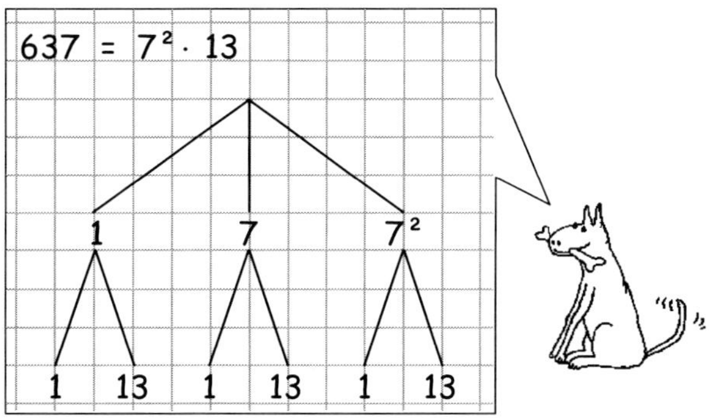

c) $60 = 2^2 \cdot 3 \cdot 5$

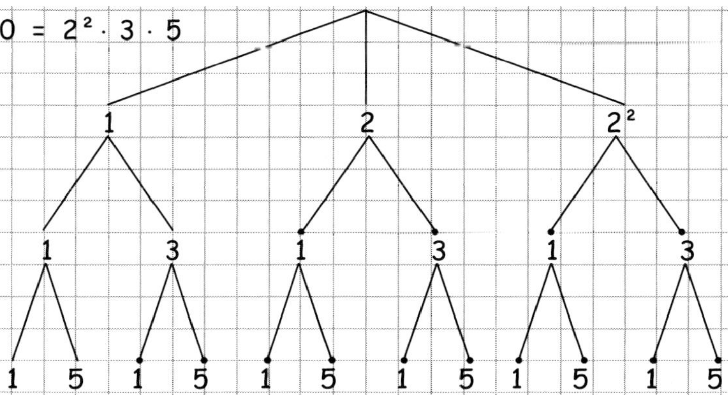

Anzahl der Teiler von 60: $3 \cdot 2 \cdot 2 = 12$

d) Der Teilerbaum hat drei Stufen. Die Verzweigungszahlen sind 5, 3 und 2. Teilerzahl: $5 \cdot 3 \cdot 2 = 30$.

e) $1000000 = 2^6 \cdot 5^6$; $7 \cdot 7 = 49$ Teiler.

f) Z. B. 2^{99}, $2^{49} \cdot 3$, $2^4 \cdot 3^4 \cdot 5 \cdot 7$, ...

96. a) Kein Verschnitt, da 18 Teiler von 342 und 270 ist. Es werden 285 Fliesen benötigt.

b) Nein, denn 18 ist der ggT von 342 und 270.

c) kgV(18 cm, 15 cm) = 90 cm.

97. a) kgV(70 s, 98 s) = 490 s

b) 490 : 70 = 7; 490 : 98 = 5; Vorsprung: 2 Runden

98. a) 4 gelbe und 5 rote Tulpen, 6 rote Tulpen bleiben übrig.

b) ggT(72, 96) = 24; 24 Sträuße mit jeweils 3 gelben und 4 roten Tulpen.

c) $24 \cdot (7\ € - 5\ €) = 48\ €$.

99. a) Das kleine Rad braucht für eine Umdrehung 5 s.

b) Das kleine Rad macht in einer Minute 12 Umdrehungen, das große Rad in dieser Zeit $4\frac{2}{7}$ Umdrehungen.

c) kgV(5 s, 14 s) = 70 s.

100. a) Kantenlänge: ggT(36 m, 20 m) = 4 m

Anzahl: $(36\,\text{m} : 4\,\text{m}) \cdot (20\,\text{m} : 4\,\text{m}) = 45$

b) Mindestkantenlänge: kgV(75 mm, 45 mm) = 225 mm, $4 \cdot 225\,\text{mm} = 900\,\text{mm}$

Alternativen: 225 mm (15 Karten), 450 mm (60 Karten), 675 mm (135 Karten)

101. a) Beide Ampeln stehen um 5.15 Uhr auf Rot.

b) kgV(120 s, 95 s) = 2280 s = 38 min. Um 5.38 Uhr.

c) 5.10 Uhr, 5.48 Uhr, ...

102. a) Alle 30s alle drei Farben; alle 6s blau und rot; alle 10s blau und grün; alle 15s rot und grün.

b) Es blinken blau und grün; 2s später blinken blau und rot.

103. Hier irrt Otto: Die sieben Banditen treffen sich nach kgV(1, 2, 3, 4, 5, 6, 7) = 420 Tagen wieder in seiner Kneipe.

104. kgV(12, 15, 16, 20, 22, 28) = 18480.

18480 Zähne weiter haben alle Räder volle Umdrehungen ausgeführt. Rad 4 hat $18480 : 20 = 924$ Umdrehungen ausgeführt, es braucht dafür 308 min.

105. a) 3 und 5 ; 5 und 7 ; 11 und 13 ; 17 und 19 ; 29 und 31 ; 41 und 43 ; 59 und 61 ; 71 und 73 ; 101 und 103 ; 107 und 109 ; 137 und 139 ; 149 und 151 .

b) Ungefähr $14\frac{2}{3}$ Seiten.

106. Lücken in der Primzahlreihe

a) $11! = 39916800$ ist durch 1, 2, 3, ... , 11 teilbar. Demnach ist $11!+2$ durch 2, $11!+3$ durch 3, .. , $11!+11$ durch 11 teilbar. Dies sind demnach keine Primzahlen.

b) Wir setzen $a = 101!$. Die 100 Zahlen $a+2, \ldots, a+101$ sind keine Primzahlen.

c) Wir setzen $a = 1000001!$. Eine Million aufeinanderfolgender Zahlen, die keine Prim zahlen sind: $a+2, a+3, \ldots, a+1000001$.

107.

$2^1 - 1 = 1$	$2^6 - 1 = 63$
$2^2 - 1 = 3$ Primzahl	$2^7 - 1 = 127$ Primzahl
$2^3 - 1 = 7$ Primzahl	$2^8 - 1 = 255$
$2^4 - 1 = 15$	$2^9 - 1 = 511$
$2^5 - 1 = 31$ Primzahl	$2^{10} - 1 = 1023$

108. a)

n	0	1	2	3	4	5	6
$n \cdot (n+1) + 41$	41	43	47	53	61	71	83

n	7	8	9	10	11	12	...
$n \cdot (n+1) + 41$	92	113	131	151	173	197	...

b) Alle Zahlen in der unteren Zeile der Tabelle sind Primzahlen.

c) Für $n = 40$ gilt: $n \cdot (n+1) + 41 = 40 \cdot 41 + 41 = 41 \cdot (40+1) = 41 \cdot 41$. Der Term liefert für $n = 40$ keine Primzahl. Er liefert Primzahlen für alle $n < 40$. Der Term geht auf *Leonhard Euler (1707 – 1783)* zurück.

109. a)

$100 = 97 + 3$	$108 = 101 + 7$	$116 = 113 + 3$
$102 = 97 + 5$	$110 = 103 + 7$	$118 = 113 + 5$
$104 = 97 + 7$	$112 = 109 + 3$	$120 = 113 + 7$
$106 = 101 + 5$	$114 = 109 + 5$	

b) Es gibt Zahlen, die sich auf mehrere Arten als Summe zweier Primzahlen schreiben lassen, z. B. $20 = 17 + 3 = 13 + 7$.

c) Es gibt ungerade Zahlen, die sich nicht als Summe zweier Primzahlen schreiben lassen, z. B 11.

Lösungen der

Kompetenzaufgaben

Band I

Seite 7:

Alles dreht sich

3 Umdrehungen

Seite 10:

Auf dem Riesenrad

42 Gondeln

Seite 15:

Quatre-vingt

a)

1	un	6	six	11	onze	16	seize
2	deux	7	sept	12	douze	17	dix-sept
3	trois	8	hiut	13	treize	18	dix-huit
4	quatre	9	neuf	14	quatorze	19	dix-neuf
5	cinq	10	dix	15	quinze	20	vingt

b) $80 = 20 \cdot 4$

$92 = 20 \cdot 4 + 12$

c) quatre-vingt, quatre-vingt-un, quatre-vingt-deux, … quatre-vingt-dix-neuf, cent

Seite 37:

Puzzle

D

Seite 47:

Kreuzzahlrätsel

[1] 1	2	[2] 8		[3] 5	6	[4] 9
2		[5] 1	[6] 9	6		4
[7] 5	[8] 3		9		[9] 1	9
	[10] 1	0	1	1	0	
[11] 1	3		0		[12] 1	[13] 3
4		[14] 1	0	[15] 8		4
[16] 4	1	0		[17] 4	4	3

Sudoku ... ... für Amateure ...

4	5	7	6	1	9	8	2	3
6	8	9	2	5	3	1	4	7
2	3	1	8	4	7	6	5	9
8	1	3	7	6	2	4	9	5
5	9	4	1	3	8	2	7	6
7	6	2	5	9	4	3	1	8
1	7	6	3	2	5	9	8	4
3	4	5	9	8	1	7	6	2
9	2	8	4	7	6	5	3	1

... und für Profis!

6	7	1	5	8	4	9	3	2
8	2	9	7	6	3	4	5	1
5	3	4	1	9	2	8	6	7
9	6	3	8	5	1	2	7	4
4	5	8	9	2	7	3	1	6
2	1	7	3	4	6	5	8	9
3	9	2	6	7	5	1	4	8
7	8	5	4	1	9	6	2	3
1	4	6	2	3	8	7	9	5

Seite 56:

Geschickt kontrollieren

Man addiert nur die Einerziffern.

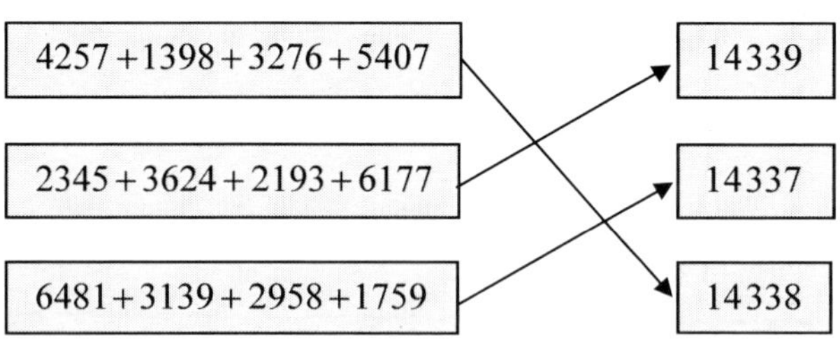

Band II

Seite 82:

Banknoten

a) Ungefähr 4 m.

b) Rund 5880 m.

Seite 87:

Treppen und Mauern

a)

		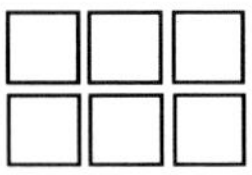	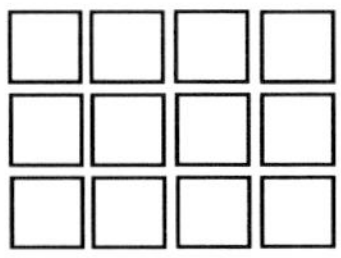		
1. Seite	1	2	3	4	20
2. Seite	2	3	4	5	21
Gesamtzahl	2	6	12	20	420

b)

		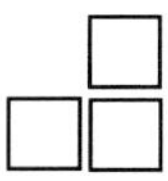	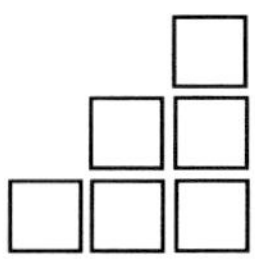		
	1	2	3	4	20
	1	3	6	10	210

c)

	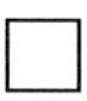	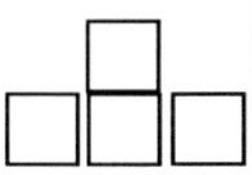	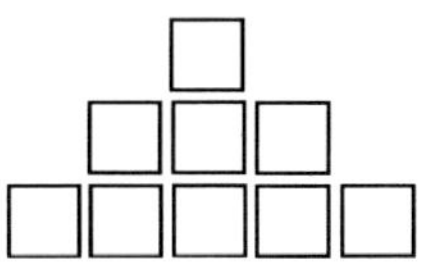		
	1	2	3	4	20
	1	4	9	16	400

Seite 97:

Zahlenmauern

①

+

243
127 | 116
60 | 67 | 49
24 | 36 | 31 | 18
9 | 15 | 21 | 10 | 8

②

100
46 | 54
27 | 19 | 35
12 | 15 | 4 | 31

141
62 | 79
31 | 31 | 48
21 | 10 | 21 | 27
17 | 4 | 6 | 15 | 12
14 | 3 | 1 | 5 | 10 | 2

③ Z. B.

10
7 | 3
5 | 2 | 1

87
46 | 41
27 | 19 | 22
17 | 10 | 9 | 13

④

530
229 | 301
90 | 139 | 162
46 | 44 | 95 | 67

373
179 | 194
87 | 92 | 102
57 | 30 | 62 | 40

Seite 103:

Kugelpackung

a) $4^3 = 64$

b) Länge 4 cm, Breite 4 cm, Höhe 4 cm

c) $10^3 = 1000$

d)

Kantenlänge (in cm)	2	3	5	20	100
Anzahl der Kugeln	8	27	125	8000	1 000 000

e) Z. B. bei Tischtennisbällen oder bei Pralinen.

Seite 113:

Rechenaufgaben basteln

a) Z. B. $1 \cdot 2 + 4 + 6 = 12$

b) Z. B.: $4 \cdot 6 - 2 - 1 = 21$

$4 \cdot 6 - 2 \cdot 1 = 22$

$(4+1) \cdot 6 - 2 = 23$

$4 \cdot 6 + 2 - 1 = 25$

$4 \cdot 6 + 2 \cdot 1 = 26$

$4 \cdot 6 + 2 + 1 = 27$

c) $2 \cdot 4 \cdot 6 + 1 = 49$

Seite 115:

Messen mit Stäbchen

23 cm = 4 cm + 4 cm + 4 cm + 4 cm + 7 cm + 7 cm

41 cm = 4 cm + 4 cm + 4 cm + 4 cm + 4 cm + 7 cm + 7 cm+ 7 cm

42 cm: nicht möglich.

Nein, es gibt keine Länge, die auf zwei Arten gelegt werden kann.

Seite 117:

Passendes Rechenmodell

Rechenausdruck	$2 \cdot (6 + 3)$	$2 \cdot 6 \cdot 3$	$2 \cdot 6 + 3$	$(2 \cdot 6) : 3$	$3 \cdot 6 - 2$
Situation Nr.	2	4	1	5	3

Seite 119:

Magische Quadrate

① Die Summe einer jeden Zeile, Spalte oder Diagonale ist 34.

②

7	2	16	9
12	13	3	6
1	8	10	15
14	11	5	4

13	8	12	1
2	11	7	14
3	10	6	15
16	5	9	4

13	12	1	8
2	7	14	11
16	9	4	5
3	6	15	10

③

4	9	2
3	5	7
8	1	6

4	3	8
9	5	1
2	7	6

6	1	8
7	5	3
2	9	4

Seite 127:

Mensch ärgere dich nicht

a) Ich habe manche Punkte gar nicht oder doppelt gezählt; meine Zählmethode war nicht geschickt.

b) Zuerst werden alle farbigen Punkte gezählt (9 rote, 9 gelbe, 9 blaue, 9 grüne, als $4 \cdot 9 = 36$) und dann alle weißen Punkte, in jeder Ecke des Spielfeldes 9 Punkte, also $4 \cdot 9 = 36$ Punkte.

c) Man zählt zuerst die Punkte außerhalb des Spielfeldes; dann zählt man die Punkte, die im unteren „T" liegen, verdoppelt diese Menge aus Symmetriegründen und addiert dazu noch die mittlere Punktreihe.

d) Z. B. $4 \cdot 4 + 8 \cdot 7$.

Seite 141:

BahnCard

a) 40 km ; Fahrpreis: 8 €

b) 50 km ; Fahrpreis: 10 € ; Ersparnis 2,50 €

c) 500 km ; Fahrpreis: 100 € ; Ersparnis 25 € ; Jan hat Recht.

d)

Gefahrene km	Preis ohne BahnCard 50	Preis mit BahnCard 50	Preisunterschied
200 km	40 €	20 €	20 €
500 km	100 €	50 €	50 €
2000 km	400 €	200 €	200 €

Band III

Seite 149:

Traktor

900 Umdrehungen

Seite 159:

Schulweg

a) Können die folgenden Sätze stimmen?	ja	nein
• Peter wohnt am weitesten von der Schule entfernt.	☐	☒
• Zusammen mit Maria geht Peter schneller als allein.	☐	☒
• Maria ist noch nicht fertig, als Paula bei ihr vorbeikommt.	☒	☐

b) Peter ist heute mal wieder spät dran, als er aus dem Haus geht. Er beeilt sich und überholt Paula und Maria, die wie immer gemeinsam zur Schule gehen. Dann sieht er Ralf mit seinem Turnbeutel - ihn trifft fast der Schlag: Er hat seinen Turnbeutel vergessen! Also muss er wieder nach Hause - klar, dass Paula und Maria blöd grinsen, als er an ihnen vorbei rennt. Er schnappt sich seinen Turnbeutel und rennt zur Schule - allerdings schafft er es nicht mehr rechtzeitig zum Unterrichtsbeginn. ...

Seite 164:

Binäruhr

a)

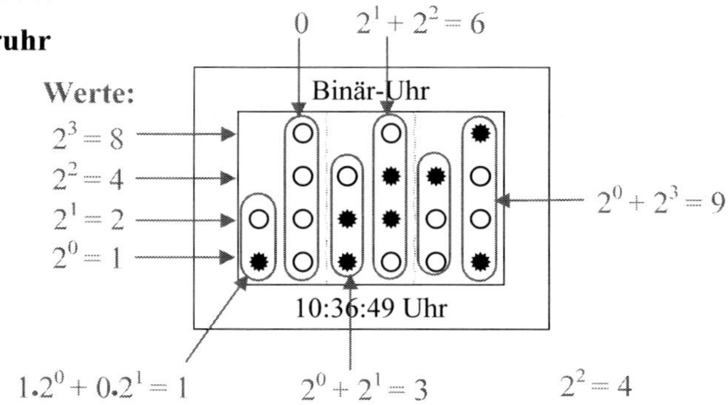

b)

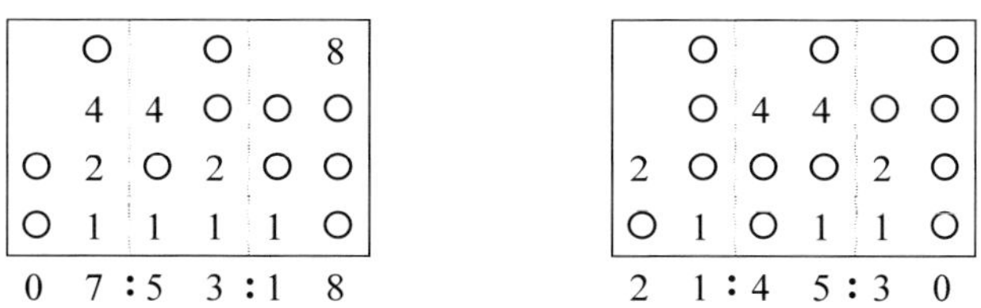

c) 23:58:27 Uhr:

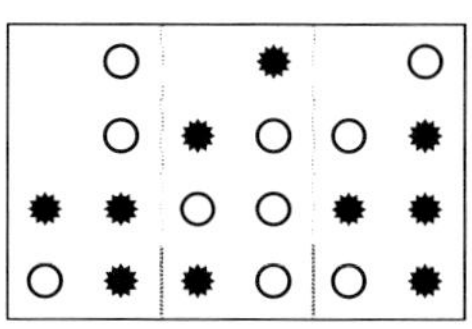

d) Nein, z. B.

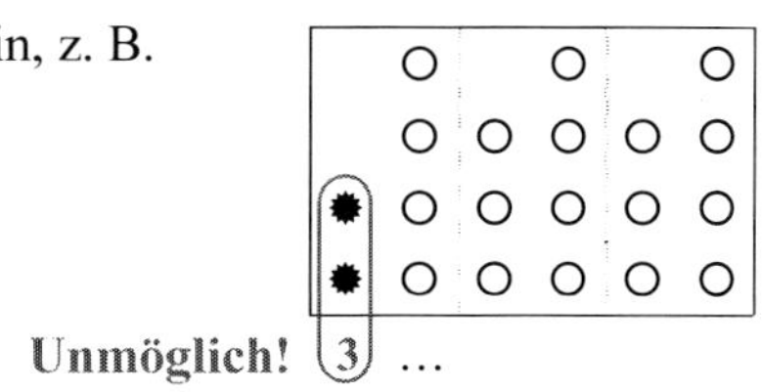

Seite 181:

Hausnummern

① 34

② 40

③ 47 · 20m = 940m

④

- Wenn man gerade Zahlen addiert, erhält man als Ergebnis eine **gerade** Zahl.
- Wenn man zwei ungerade Zahlen addiert, erhält man als Ergebnis eine **gerade** Zahl.
- Wenn man drei ungerade Zahlen addiert, erhält man als Ergebnis eine **ungerade** Zahl.

Seite 189:

Parkettieren I

1. unterschiedliche Lösungen möglich
2. unterschiedliche Lösungen möglich
3. Mindestens 10 Enten.

Seite 213:

Parkettieren II

4.

Erster Rand: $1 \cdot 8 = 8$

Zweiter Rand: $2 \cdot 8 = 16$

Dritter Rand: $3 \cdot 8 = 24$

Vierter Rand: $4 \cdot 8 = 32$

$\vdots$

Zehnter Rand: $10 \cdot 8 = 80$

$\vdots$

n-ter Rand: $n \cdot 8$

Oder:

Erster Rand: $3^2 - 1^2 = 9 - 1 = 8$

Zweiter Rand: $5^2 - 3^2 = 25 - 9 = 16$

Dritter Rand: $7^2 - 5^2 = 49 - 25 = 24$

Vierter Rand: $9^2 - 7^2 = 81 - 49 = 32$

$\vdots$

Zehnter Rand: $21^2 - 19^2 = 441 - 361 = 80$

$\vdots$

n-ter Rand: $(2 \cdot n + 1)^2 - (2 \cdot n - 1)^2$

5. Vierter Rand: 4 · 6 = 24

Zehnter Rand: 10 · 6 = 6

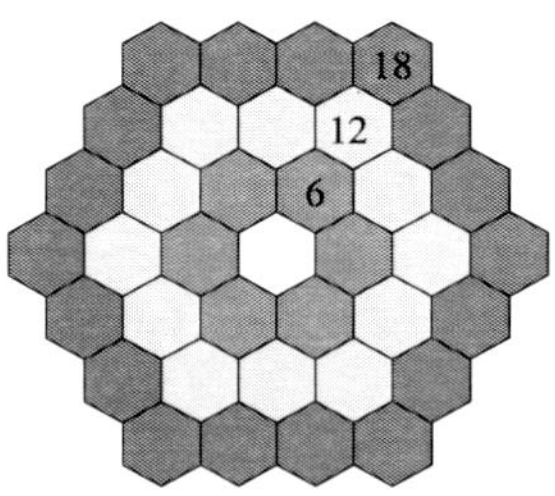

Band IV

Seite 218:

Nachschreiben

Auswerten des Diagramms durch Abzählen. Anzahl der beteiligten Schüler: 23 .
Summe der erzielten Noten: $3 \cdot 1 + 5 \cdot 2 + 7 \cdot 3 + 5 \cdot 4 + 2 \cdot 5 + 1 \cdot 6 = 70$.

1. Wenn Peter eine 1 schreibt, dann gibt es viermal die Note 1 bei 24 beteiligten Schülern; dies ist ein Sechstel.
2. Bei 24 beteiligten Schülern ist die Drittelgrenze bei 8 Noten 5 oder 6 erreicht. Dies ist zusammen mit Peters Note nicht möglich.
3. Bei 24 Schülern muss die Notensumme 72 betragen, damit der Notendurchschnitt 3,0 beträgt. Dies wird erreicht, wenn Peter eine 2 schreibt.

Seite 237:

Ziegenprobleme

① •

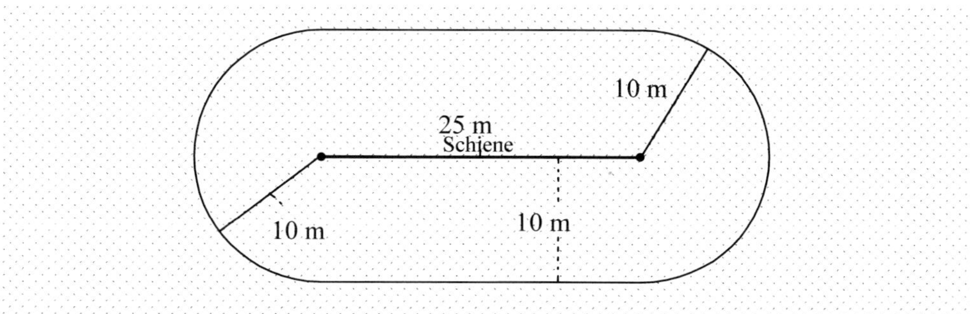

• $A = 20\,\text{m} \cdot 25\,\text{m} + 3{,}14 \cdot 100\,\text{m}^2$

$= 500\,\text{m}^2 + 314\,\text{m}^2$

$= 814\,\text{m}^2$

② • Siehe Zeichnung rechts.

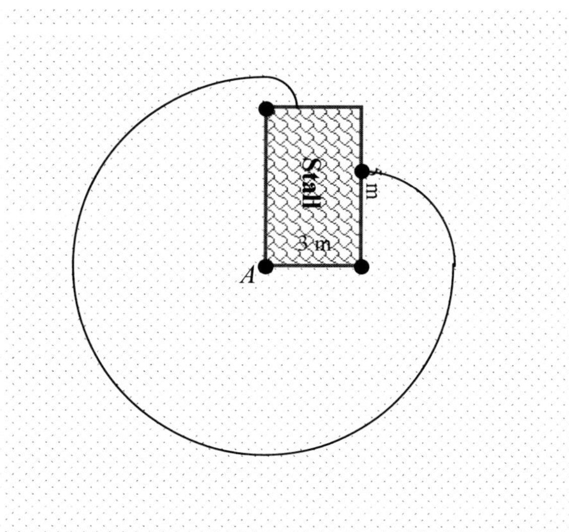

• $A = \frac{3}{4}$ von $\pi \cdot 36\,\text{m}^2$

$+ \frac{1}{4}$ von $\pi \cdot 9\,\text{m}^2$

$+ \frac{1}{4}$ von $\pi \cdot 1\,\text{m}^2$

$= 27\,\pi\,\text{m}^2 + \frac{9}{4}\pi\,\text{m}^2 + \frac{1}{4}\pi\,\text{m}^2$

$= 29{,}5\,\pi\,\text{m}^2$

$\approx 92{,}6\,\pi\,\text{m}^2$

Seite 241:

Zauberei

23

Seite 247:

Flächenvergleich

☐ $A_3 < A_4 < A_1$ und $A_1 = A_2$	☐ $A_3 < A_4 < A_1 < A_2$
☐ $A_3 < A_1 < A_2$ und $A_1 = A_4$	☐ $A_4 < A_3 < A_2 < A_1$
☒ $A_3 < A_1$ und $A_1 = A_2 = A_4$	☒ $A_1 = A_2 = 2 \cdot A_3 = A_4$

Seite 273:

Voll - leer

Man nimmt Glas zwei und schüttet den Inhalt in Glas 5.

Seite 281:

Kreuzzahlrätsel

[1] 1	[2] 3	2	■	[3] 3	[4] 5
[5] 4	2	■	[6] 1	0	1
■	[7] 4	[8] 3	7	■	2
[9] 1	■	[10] 4	5	[11] 1	■
[12] 6	[13] 2	3	■	[14] 6	[15] 1
[16] 9	7	■	[17] 3	1	3

Seite 281:

Ein magisches Primzahl-Quadrat

① Die berechneten Summen sind alle gleich 240.

② In den Zeilen:

- ± 10
- ± 50

In den Spalten: ± 48, ± 36.

ISBN 978-3-928881-14-2

SOFTFRUTTI
verlag